Denkmal und Energie 2019

Bernhard Weller · Leonie Scheuring
(Hrsg.)

Denkmal und Energie 2019

Energieeffizienz, Nachhaltigkeit
und Nutzerkomfort

Hrsg.
Bernhard Weller
Institut für Baukonstruktion
Technische Universität Dresden
Dresden, Deutschland

Leonie Scheuring
Institut für Baukonstruktion
Technische Universität Dresden
Dresden, Deutschland

ISBN 978-3-658-23636-6   ISBN 978-3-658-23637-3   (eBook)
https://doi.org/10.1007/978-3-658-23637-3

Die Deutsche Nationalbibliothek verzeichnet diese Publikation in der Deutschen Nationalbibliografie; detaillierte bibliografische Daten sind im Internet über http://dnb.d-nb.de abrufbar.

Springer Vieweg

Springer Vieweg ist ein Imprint der eingetragenen Gesellschaft Springer Fachmedien Wiesbaden GmbH und ist ein Teil von Springer Nature
Die Anschrift der Gesellschaft ist: Abraham-Lincoln-Str. 46, 65189 Wiesbaden, Germany

Vorwort

Mussten die Denkmalpfleger früher noch um gesellschaftliche Akzeptanz kämpfen, stößt nach nunmehr 40 Jahren Bestehen der Denkmalschutzgesetze die denkmalpflegerische Arbeit in der breiten Öffentlichkeit weitestgehend auf Zustimmung. Ins Bewusstsein der Öffentlichkeit kommt indes neben denkmalpflegerischer Erfordernisse bei Gebäudesanierungen das Bewusstsein zur Notwendigkeit energetischer Ertüchtigungen hinzu. Bis 2050 fordert die Bundesregierung einen nahezu klimaneutralen Gebäudebestand und stellt damit Architekten, Ingenieure, Denkmalpfleger und Fachunternehmer des Bauhandwerks vor besondere Herausforderungen.

Herkömmliche energetische Sanierungen bedeuten aktuell einen erkennbaren Eingriff in das äußere Erscheinungsbild, baukonstruktive Besonderheiten der alten Bausubstanz ziehen individuelle bauphysikalische Problemstellungen nach sich, die es im Speziellen zu lösen gilt, und Ungewissheiten über die energetischen Eigenschaften der Bausubstanz erschweren die Dimensionierung von Dämmmaßnahmen. Die Beiträge in diesem Buch sollen Wissen vermitteln und Möglichkeiten aufzeigen, wie eine Symbiose zwischen dem behutsamen Umgang mit dem Gebäudebestand und einer energetischen Ertüchtigung geschaffen werden kann.

Im Teil „Bauten und Projekte" dieses Bandes werden Beispiele jüngster Sanierungen beschrieben, die den Spagat zwischen dem Erhalt der Bausubstanz und einer energetischen Ertüchtigung jedes auf seine Weise hervorragend meistern. Sanierungen von Fassaden der Nachkriegsmoderne werden dabei neben denen von Herrenhäusern aus dem 16. Jahrhundert und von Bauten, die sich auf eine Bewerbung zum UNESCO-Welterbe vorbereiten, ins Detail beleuchtet.

Die Rubrik „Planung im Detail" geht auf Problemstellungen und Lösungen in der denkmalpflegerischen und energetischen Planung ein. Darunter fällt die sorgfältige Herausarbeitung und Diskussion von Handlungsempfehlungen für Bauten verschiedener Baualtersklassen.

Der Teil „Material und Technik" stellt in der Sanierung erfolgreich verwendete Materialien vor. Möglichkeiten und Grenzen sowohl neuartiger als auch etablierter Materialien werden diskutiert und zukünftige Entwicklungen abgeschätzt.

Abschließend werden im Teil „Forschung und Entwicklung" Fragestellungen zur Wirtschaftlichkeit von Sanierungsstrategien sowie aktuelle Entwicklungen des Denkmalschutzes und der Energieeinsparregelungen beleuchtet und diskutiert.

Die Herausgeber danken den Autoren, welche mit ihren Beiträgen dem Leser einen vielfältigen Einblick in das Themenfeld der energetischen Sanierung von Baudenkmalen ermöglichen. Ein besonderer Dank gilt Frau Johanna Daum am Institut für Baukonstruktion in Dresden für ihre engagierte Mitarbeit an der Drucklegung des Buches sowie Frau Prenzer und Herrn Harms bei Springer Vieweg für die angenehme Zusammenarbeit.

Prof. Dr.-Ing. Bernhard Weller
Dipl.-Ing. Leonie Scheuring

Dresden, November 2018

Inhaltsverzeichnis

Bauten und Projekte

Planung im Detail

Material und Technik

Forschung und Entwicklung

Mathildenhöhe Darmstadt – energetische Sanierung des Ausstellungsgebäudes

Dipl.-Ing. Johann Reiß[1], Dipl.-Ing. Astrid Wuttke[2]

1 Fraunhofer-Institut für Bauphysik, Nobelstr. 12, 70569 Stuttgart, Deutschland

2 schneider+schumacher Planungsgesellschaft mbH, Poststr. 20A, 60329 Frankfurt am Main, Deutschland

„Habe Ehrfurcht vor dem Alten und Mut, das Neue frisch zu wagen."

Großherzog Ernst Ludwig, Gründer der Künstlerkolonie Mathildenhöhe (1868-1937)

Die Mathildenhöhe Darmstadt ist ein einzigartiges architektonisches und städtebauliches Gesamt-kunstwerk. 1908 wurde auf der höchsten Stelle der östlich der Innenstadt gelegenen Anhöhe das von Josef Maria Olbrich geplante Ausstellungsgebäude errichtet. Zusammen mit dem zeitgleich erbauten Hochzeitsturm bildet es ein das Stadtbild bis heute prägendes eindrückliches Jugendstil-Ensemble. Ziel des Projektes ist es, neben einer Vielzahl von denkmalpflegerischen und aktuellen funktionalen Anforderungen (größtmögliche Flexibilität für wechselnde Ausstellungskonzepte, Barrierefreiheit, Si-cherheitsanforderungen u.v.m.) eine den heutigen Vorgaben entsprechende energetische Sanierung zu planen, die sich aus den spezifischen Rahmenbedingungen des Ausstellungshauses entwickelt und damit gleichzeitig in ihrer methodischen Herangehensweise beispielgebend für energetische Sa-nierungen von Museen insgesamt sein kann. Dabei standen die Grundsätze der präventiven Konser-vierung, die konservatorischen Anforderungen, niedrige Investitions- und Folgekosten, möglichst ge-ringer aber intelligenter Technikeinsatz, hohe Energieeffizienz und vor allem die Nachhaltigkeit im Sinne eines ganzheitlichen, interdisziplinär entwickelten Sanierungskonzeptes im Mittelpunkt. Zudem ergab sich hier die Chance, modellhafte Lösungen für die besondere Herausforderung des Denkmal-schutzes zu entwickeln, welche die vorhandene Substanz erhalten und gleichzeitig eine schonende zeitgemäße Museumsnutzung und Betriebsführung erlauben.

Im Rahmen der Sanierungsplanung wurde gezeigt, dass auch ein unter Denkmalschutz stehendes Museum bei schwierigen Randbedingungen und unter Einhaltung der konservatorischen Anforderun-gen im Rahmen der integralen Planung so saniert werden kann, dass der Endenergiebedarf im Ver-gleich zum Zustand vor der Sanierung um mehr als 50 % reduziert werden kann. Die Maßnahmen, die dabei zum Einsatz kamen, können in ähnlicher Form auch in anderen Museumsbauten Anwen-dung finden. In gleicher Weise kann auch der innerhalb der Projektgruppe durchgeführte Prozess der integralen Planung, der bei diesem Vorhaben zum Ziel führte, künftig auch auf andere Vorhaben übertragen werden.

Schlagwörter: Denkmalschutz, Mathildenhöhe Darmstadt, Ausstellungshallen, Jugendstil, energeti-sche Sanierung, Aerogelputz, integrale Planung

© Springer Fachmedien Wiesbaden GmbH, ein Teil von Springer Nature 2018
B. Weller und L. Scheuring (Hrsg.), *Denkmal und Energie 2019*,
https://doi.org/10.1007/978-3-658-23637-3_1

1   Hintergrund

Die Darmstädter Mathildenhöhe ist ein einzigartiges Gesamtensemble von außergewöhnlichem universellen Wert. Im Ausstellungsgebäude werden wechselnde Ausstellungen der bildenden und angewandten Kunst gezeigt. Die Kultusministerkonferenz formuliert 2014 in ihrem Beschluss zur UNESCO-Welterbebewerbung: „Die Künstlerkolonie ist ein Markstein in der Entwicklung der Künste und Architektur auf dem Weg in die Moderne des 20. Jahrhunderts und gilt darüber hinaus zugleich als hervorragendes Beispiel eines architektonisch geschlossenen Bauensembles." Die Stadt Darmstadt bewirbt sich derzeit um die Aufnahme in die Welterbeliste. Im Frühjahr 2019 wird der offizielle Bewerbungsantrag bei der UNESCO in Paris eingereicht.

Die Ausstellungshallen nach den Plänen von Josef Maria Olbrich wurden 1908 fertiggestellt. Bis heute sind an dem Gebäude immer wieder Änderungen vorgenommen worden. Bereits vor dem Zweiten Weltkrieg fanden kleinere Um- und Erweiterungsbauarbeiten statt. Nach dem Krieg mussten zerstörte Dächer wiederhergestellt werden, der ehemals offene Rosenhof (die heutige Halle 4) erhielt ein Notdach und diente übergangsweise als Versammlungsort für die Sitzungen des Stadtparlamentes. Der letzte größere bauliche Eingriff erfolgte in den 1970er Jahren mit einer umfassenden Renovierung sowie An- und Umbauten für Werkstatt und Magazine, wodurch ein zeitgemäßer Wechselausstellungsbetrieb ermöglicht werden konnte. Zur energetischen Verbesserung wurden bisher nur wenige Maßnahmen realisiert.

Generell gelten für Museen besondere Anforderungen an die klimatischen Bedingungen im Innenraum, bedingt durch die konservatorischen Anforderungen des zu bewahrenden Kunst- und Kulturguts. Museumsgebäude müssen ein stabiles und träge auf wechselnde Außenklimabedingungen reagierendes Innenraumklima sicherstellen. In besonderem Maße gilt dies jedoch für Museen, in denen viele Leihgaben im Rahmen von Wechselausstellungen präsentiert werden, da die Klimasollwertvorgaben hier in den Leihverträgen besonders strikt definiert sind. Diese hohen Anforderungen an das Raumklima wurden bisher mit einem großen Aufwand im Bereich der Gebäudetechnik erwidert und konnten mit den vorhandenen, veralteten Anlagen zuletzt nicht einmal mehr zuverlässig sichergestellt werden. Ein dementsprechend sehr hoher Energiebedarf ist mittel- bis langfristig weder ökologisch noch wirtschaftlich sinnvoll, da Ressourcenknappheit und fehlende finanzielle Mittel dazu führen, dass sich Museen die hohen Betriebskosten nur noch schwer leisten können.

Die Herausforderung liegt darin, in denkmalgeschützten Gebäuden ein möglichst konstantes Innenraumklima bei geringstem Technikeinsatz und niedrigen Betriebs- und Folgekosten zu gewährleisten. Hier müssen integrale und innovative Konzepte entwickelt werden, die Raum lassen, neue Technologien zu erforschen.

Die Deutsche Bundesstiftung Umwelt fördert neben den Maßnahmen zur Energieeffizienz von Gebäuden auch den Erhalt von Kulturgütern, deren ressourcenschonende Sanierungen Modellcharakter besitzen. Dies bezieht sich sowohl auf passive, bauseitige Komponenten wie Dämmsysteme und innovative Baustoffe als auch auf aktive Komponenten wie moderne und energieeffiziente Anlagentechnik – die direkt helfen, Energie einzusparen. Die vorliegende Sanierungsplanung für die Ausstellungshallen der Mathildenhöhe Darmstadt nimmt sich dieser Aspekte an und erweitert sie durch die Umsetzung zahlreicher Aspekte der präventiven Konservierung. Sie wird daher von der Deutschen Bundesstiftung Umwelt finanziell unterstützt. Der Abschlussbericht ist unter [1] abrufbar.

Aufgrund der Bewerbung für das Weltkulturerbe sowie erweiterter Planungsanforderungen verzögerte sich die Sanierung. Die Ausstellungshallen wurden bereits 2012 geschlossen. 2015 sollte die Baumaßnahme ursprünglich abgeschlossen sein. Mit der Umsetzung der Planung wurde jedoch erst im Sommer 2017 begonnen. Die Baufertigstellung ist nun für Ende 2019 geplant.

2   Ziele

Das gesamte Ensemble Mathildenhöhe besteht aus den Ausstellungshallen (gebaut auf dem ehemaligen Wasserreservoir der Stadt Darmstadt, einem Industriekulturdenkmal des ausgehenden 19. Jahrhunderts), dem Hochzeitsturm, dem Ernst-Ludwig-Haus (Museum Künstlerkolonie), der russischen Kapelle, dem „Lilienbecken", dem „Schwanentempel", dem Platanenhain sowie den verschiedenen Atelier- und Wohnhäusern der ehemaligen Künstlerkolonie. Einzelne Gebäude wurden bereits saniert bzw. rekonstruiert. Bild 2-1 zeigt die Ausstellungshallen mit dem Hochzeitsturm vor der Sanierung.

Nun sollen auch die Ausstellungshallen saniert werden. Das 2012 initiierte Bauvorhaben sah zunächst ausschließlich eine anlagentechnische Erneuerung vor. Um jedoch künftig die konservatorischen Anforderungen in einem energetisch sinnvollen Rahmen dauerhaft zu gewährleisten, ist die Planung und Umsetzung eines ganzheitlichen Sanierungskonzeptes mit zusätzlicher bauphysikalischer Ertüchtigung des Gebäudes unumgänglich.

Bild 2-1 Photographische Aufnahme des Ausstellungsgebäudes vor der Sanierung
(Quelle: Nikolaus Heiss).

Neben der Umsetzung der konkreten Maßnahmen soll aufgezeigt werden, welche Lösungen durch eine interdisziplinäre und integrale Planung erarbeitet werden können. Zugleich orientiert sich die Konzeption am Niedrigstenergie-Haus und einer möglichen Nutzung regenerativer Energien. Da der Gebäudekomplex unter Denkmalschutz steht, ergibt sich hier zudem die Chance, modellhafte Lösungen für die besondere Herausforderung des Denkmalschutzes aufzuzeigen. Die an der integralen Planung beteiligten Partner sind in Tabelle 2-1 zusammengestellt.

Tabelle 2-1 Zusammenstellung der an der integralen Planung beteiligten Partner.

Energiekonzept, wissenschaftliche Begleitung	Fraunhofer-Institut für Bauphysik IBP
Architektur	Schneider+schumacher, Frankfurt
Technische Gebäudeausrüstung	ingplan, Marburg
Bauphysik, Energieberatung	Schlier und Partner, Darmstadt
Thermische Simulation	Tichelmann & Barillas, Darmstadt

3 Bestandsaufnahme

3.1 Gebäude

Im Rahmen der integralen Planung wurde zu Beginn eine detaillierte Bestandsaufnahme durchgeführt. Die Ausstellungshallen wurden zusammen mit dem Hochzeitsturm nach den Plänen von Joseph Maria Olbrich im Jahre 1908 fertiggestellt. Die Eingangshalle (Halle 5) und die vier Ausstellungshallen, dargestellt in Bild 3-1, stehen auf einem 1878 erstellten Wasserreservoir. Das Reservoir mit einem Fassungsvermögen von 4.500 m³ umfasste in zwei Kammern das Trinkwasser für die Stadt Darmstadt. Bild 3-2 zeigt den Längsschnitt der Hallen mit dem darunterliegenden Wasserbehälter.

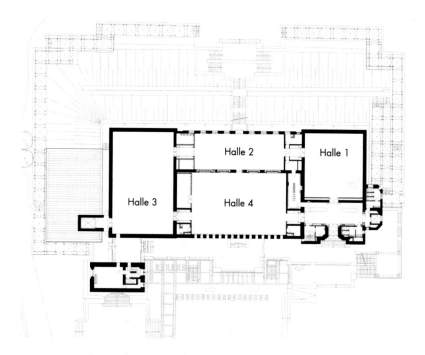

Bild 3-1 Erdgeschossgrundriss der Eingangshalle und der vier Ausstellungshallen (Quelle: schneider + schumacher).

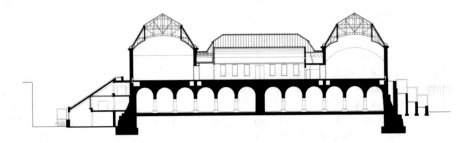

Bild 3-2 Längsschnitt durch die Ausstellungshallen mit dem darunterliegenden Wasserreservoir (Quelle: schneider + schumacher).

Erste Sanierungsarbeiten wurden zum 100-jährigen Bestehen der Künstlerkolonie Mathildenhöhe, die 1899 vom Großherzog Ernst Ludwig gegründet wurde, durchgeführt. Alle durchgeführten Maßnahmen sind in dem Buch »Mathildenhöhe Darmstadt, 100 Jahre Planen und Bauen für die Stadtkrone 1899 – 1999« [2] ausführlich beschrieben. In Bild 3-3 ist die Ostseite dargestellt, wie sie sich vor dem Verschließen der Fenster zeigte.

Bild 3-3 Photographische Darstellung der Ostseite. Die Fenster wurden im Rahmen einer Sanierungsphase in den 1970er Jahren verschlossen (Quelle: Architektur von Olbrich, Verlag Ernst Wasmuth, Bd. 3A).

Nach 1976 wurden nur noch kleinere Baumaßnahmen durchgeführt. Nachfolgend erfolgt die Beschreibung des baulichen und anlagentechnischen Zustandes, wie er zu Beginn der jetzigen Sanierungsphase vorlag.

Die Außenwände der Ausstellungshallen bestehen aus einem 40-60 cm dicken Vollziegelmauerwerk. Der vor Ort messtechnisch ermittelte U-Wert liegt bei 1,17 W/m²K. Die Gewölbedecken über dem Wasserspeicher sind in Ziegelmauerwerk ausgeführt. Der Hohlraum zwischen Gewölbedecke und Ausstellungshallenfußboden ist mit Sand gefüllt. Der 40 mm dicke Parkettboden ist auf einem 40 mm dicken Estrich verlegt. Zwischen Estrich und Betonboden ist keine Dämmung verlegt. Der U-Wert der Decke zwischen Wasserbehälter und Ausstellungshalle liegt bei 0,62 W/m²K.

Die Hallen 1 und 3 werden über die Dächer mit Tageslicht versorgt. Die gewölbten Decken über diesen Räumen bestehen aus Drahtputz (Rabitz), zum Teil mit darüber liegender Mineralwolleschicht. Der U-Wert liegt bei 0,61 W/m²K. Die über den gewölbten Decken liegenden Dächer bestehen aus einer Holzschalung mit obenliegender Lattung für die Dachziegel. Der U-Wert beträgt 1,4 W/m²K. Das Sheddach der Halle 4 weist einen U-Wert von 0,8 W/m²K auf. Sowohl die Glasdecken als auch die Dachverglasungen über den Hallen 1 und 3 sind mit einer Einfachverglasung mit einem U-Wert von 5,8 W/m²K ausgestattet. Die bestehenden, im Gebäude eingebauten Holzfenster weisen einen U-Wert von 2,8 W/m²K auf. Der spezifische Gesamttransmissionsverlustwert H_T' der Hüllfläche liegt bei 1,22 W/m²K.

3.2 Anlagentechnik

Vom Entwurfsarchitekten Joseph Maria Olbrich war ursprünglich keine Heizung vorgesehen, denn die Ausstellungshallen sollten nur im Sommer genutzt werden. Für die Stadt Darmstadt kam bei dieser hohen Bausumme jedoch eine eingeschränkte, temporäre Nutzung auf keinen Fall infrage. Das Gebäude erhielt daher ein Heizsystem, bei dem über Kriechgänge unterhalb der Ausstellungsflächen warme Luft in die Raumecken der Hallen geführt wurde [2]. Diese Kriechgänge können heute zur Installationsführung genutzt werden. Die Ausstellungshallen wurden nach den grundlegenden Umbauten ab 1976 ausschließlich über Luft beheizt, gekühlt und klimatisiert. Die Wärmeerzeugung erfolgte mit Wärmepumpen und die Kältebereitstellung mit elektrisch betriebenen Kompressionskältemaschinen. Die bei entsprechend hohen Außentemperaturen erforderlichen hohen Luftmengen, die mit entsprechend hohen Geschwindigkeiten eingebracht werden mussten, führten zu Zugerscheinungen und unbehaglichem Raumklima.

Aufgrund der ursprünglichen Funktion des unterhalb der Ausstellungshallen befindlichen Wasserreservoirs zur Sicherstellung der Wasserversorgung der Stadt Darmstadt läuft eine große Anschlussleitung des Trinkwassernetzes unmittelbar am Gebäude vorbei. Dieser Trinkwasserleitung wurde im Winter mittels eines Wärmetauschers und einer Wärmepumpe Wärme zur Beheizung der Ausstellungshallen entzogen. Während der Sommer-

monate wurde über diesen Wärmetauscher ebenfalls die vorhandene Kompressionskältemaschine gekühlt. Diese effiziente Möglichkeit der Wärme- und Kälteerzeugung mittels
der kommunalen Infrastruktur ist aufgrund der aktuellen Trinkwasserhygienevorschriften
nicht mehr zulässig und daher auch nicht mehr genehmigungsfähig, weshalb ein komplett
neues System zur Wärme- und Kälteerzeugung gefunden werden muss.

4   Bauliche Veränderungen

Im Zuge der Sanierung werden auch bauliche Veränderungen vorgenommen. So wird das
bisherige Café, das sich auf der Empore über dem Foyer der Eingangshalle befindet, teilweise in den Bereich der Ausstellungshalle 1 ragt und nicht barrierefrei zu erreichen ist,
rückgebaut und auf die Westseite in etwa auf das Niveau des Außengeländes verlegt. In
diesem Bereich vor bzw. unterhalb der Ausstellungshalle 4 befanden sich bisher die
Schieberkammer des Wasserspeichers sowie Technikräume und Büros. Die geplanten
Caféräume können künftig über einen vom Museum unabhängigen, separaten Zugang
barrierefrei erreicht werden. Der Zugang zur Besichtigung des Wasserspeichers ist dann
ebenfalls vom Café aus möglich.

Wie aus Bild 3-3 zu erkennen ist, war die komplette Ostseite ursprünglich mit Fenstern
ausgestattet. Diese wurden jedoch in den 1970er Jahren zugemauert und werden jetzt
wieder freigelegt. Halle 2 erhält jetzt großformatige, festverglaste Holzfenster in der ursprünglichen Fensterlage mit geputzten Laibungen. Auf eine Rekonstruktion der Fenster
nach bauzeitlichem Vorbild wurde in Abstimmung mit dem Advisory Board, einem Gre-
mium aus internationalen Denkmalexperten, welches die Stadt Darmstadt in allen Fragen
der Welterbebewerbung berät, ausdrücklich verzichtet. Nach der Sanierung verfügt so
nun auch Halle 2 wieder über Tageslicht.

Das Sheddach von Halle 4, das 1976 neu errichtet wurde, ist inzwischen so sanierungs-
bedürftig, dass es bis auf die Tagkonstruktion abgetragen und komplett erneuert werden
muss. Die Belichtung dieser Halle erfolgt weiterhin von oben und von der Westseite.

5   Energiekonzept

Von Anfang an stand fest, dass die gesamte Anlagentechnik (Heizung, Kühlung, Lüftung,
Beleuchtung, Sanitär) komplett zurückgebaut und neu errichtet werden muss. Die von
den in Tabelle 2-1 aufgeführten Projektpartnern jeweils entwickelten Energiekonzeptva-
rianten wurden in zahlreichen Projektsitzungen den Vertretern der Eigenbetriebe Kulturinstitute und Immobilienmanagement (Fachbereich Projektsteuerung und Fachbereich
Anlagentechnik) sowie Vertretern des Instituts Mathildenhöhe und Vertretern des Denkmalschutzes fortlaufend vorgestellt und mit diesen abgestimmt. Zur Steigerung der Energieeffizienz eines Gebäudes sind sowohl bauliche als auch anlagentechnische Maßnahmen notwendig. Sehr wesentlich bei diesem Projekt ist die Abwägung der Einzelmaßnah-
men und ihr Zusammenspiel untereinander.

5.1 Bauliche Sanierungsmaßnahmen

5.1.1 Außenwände

Bei denkmalgeschützten Gebäuden ist der Einsatz von Wärmedämmsystemen auf der Außenseite der Außenwände in den allermeisten Fällen nicht zulässig. Diese naheliegende und wirkungsvolle Methode einer energetischen Ertüchtigung war auch im Fall der Mathildenhöhe sowohl von der Denkmalschutzbehörde als auch den Architekten aufgrund der Außenwirkung zunächst abgelehnt worden.

Aufgrund der Feuchteproblematik und der Tatsache, dass der Bestandsaußenputz aufgrund von Schadhaftigkeit sowieso erneuert werden muss und sich herausstellte, dass es sich nicht um den Originalputz zum Zeitpunkt der Bauerstellung (1908) handelt, wurde die Verwendung eines Dämmputzes in Betracht gezogen. Konventionelle Dämmputze mit dem Zuschlagsstoff Polystyrol oder geblähtem Perlit erreichen allerdings nur Wärmeleitfähigkeiten von 0,06 - 0,07 W/mK und könnten somit aufgrund der Anforderungen des Denkmalschutzes nicht in ausreichender Schichtdicke aufgebracht werden, um eine effektive energetische Sanierung der Ausstellungshallen zu gewährleisten. Außerdem sind sie in ihrer Zusammensetzung (Polystyrol) kritisch zu bewerten. Im Rahmen ausführlicher Materialrecherchen stellte sich Aerogel-Dämmputz als interessante Maßnahme heraus, da er mit 0,028 W/mK eine sehr geringe Wärmeleitfähigkeit aufweist und auch einen niedrigen Dampfdiffusionswert μ hat. Bei Aerogel handelt sich um einen hochporösen Festkörper, der zu über 99 % aus Poren besteht. Gemäß Produktdatenblatt [3] weist der Putz die in Tabelle 5-1 angegebenen Eigenschaften auf.

Tabelle 5-1 Zusammenstellung der Materialbasis und der Eigenschaften des Aerogel-Dämmputzes [2].

Materialbasis	Eigenschaften
Natürlicher hydraulischer Kalk	Höchst wärmedämmend
Luftkalk	Hohe Ergiebigkeit
Weißzement (chromatfrei)	Hervorragende Verarbeitung
Aerogelgranulat	Ausgezeichnete Hand- und Maschinenverarbeitungseigenschaften
Leichtzuschlag (mineralisch)	Hohe Schichtdicken möglich
Organische Anteile < 5 %	Natürlicher mineralischer Systemaufbau
Zusätze zur Verbesserung der Verarbeitung	Im Denkmal empfehlenswert
Mineralisch	Sehr hohe Diffusionsoffenheit

Durch die Aufbringung eines nur 3 cm dicken Aerogel-Dämmputzes kann der U-Wert der Außenwand von 1,17 W/m²K auf 0,52 W/m²K verbessert werden. Durch die Profilierung der Fassade wird der Putz nicht überall eine Dicke von 3 cm aufweisen können. Im Mittel kann jedoch von 3 cm Putzdicke ausgegangen werden.

Der bestehende Putz der gesamten Fassade wird bis auf das Mauerwerk entfernt. Danach wird ein dünner Spritzputz (Kalkbasis) aufgetragen, auf dem dann der Aerogel-Wärmedämmputz maschinell aufgebracht wird. Zur Oberflächenstabilisierung dient ein Tiefengrund auf Silikatbasis. Nach der Durchtrocknung der Oberfläche erfolgt die Aufspachtelung einer Armierschicht. Der Mörtel, in dem die Armierschicht eingelegt ist, ist auch für die Überarbeitung von Altputzen in der Denkmalpflege geeignet - Weißkalk ist die Materialbasis. Der Oberputz basiert ebenfalls auf Weißkalkhydrat. Die Oberputzfläche erhält abschließend einen lichtbeständigen, einkomponentigen Kieselsol-Silikatanstrich. Der Putzaufbau ist in Bild 5-1 dargestellt.

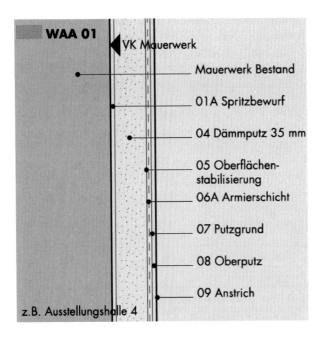

Bild 5-1 Beispielhafter Aufbau des Aerogel-Wärmedämmputzes (Quelle: schneider + schumacher).

5.1.2   Dachverglasung

Für die Dachverglasung wurde eine Vielzahl an Varianten untersucht. Am Ende des Entscheidungsprozesses wählte das Planungsteam für das lichtstreuende Isolierglas O-KALUX+ als Dachverglasung für die Halle 1 und Halle 3 (U_g = 0,9 W/m²K, g = 0,32). Es handelt sich hierbei um eine Zweifachverglasung mit einer zwischenliegenden lichtstreuenden Kapillarglasplatte. Die Kapillarglasplatte ist auf beiden Seiten mit einem Glasvlies abgedeckt, das eine gleichmäßige Lichtabgabe an den Raum ermöglicht und über das auch die Lichttransmission reguliert werden kann. Zwischen dem Glasvlies auf der Innenseite und der Kapillarglasplatte befindet sich eine UV-Filterfolie (»Museumsfolie« NRS90), die Wellenlängen unterhalb 390 nm ausfiltert. Die äußere Scheibe ist auf der Innenseite low-ε-beschichtet. Da das Stahlträgersystem, welches das Dachtragwerk der Hallen bildet, noch nach Originalentwurf von Josef Maria Olbrich erhalten ist, aus denkmalpflegerischen Gründen möglichst unangetastet bleiben sollte, war es hier sehr wichtig, Konstruktionsgewicht einzusparen und somit auf eine energetisch sehr leistungsfähige Zweifachverglasung zurückgreifen zu können.

Die senkrechten Scheiben der Sheddachverglasung der Halle 4 sind dreifachverglast und ebenfalls mit einer Kapillarglasplatte ausgestattet (U_g = 0,8 W/m²K, g = 0,34). Im Gegensatz zur Dachverglasung ist die äußere Scheibe hier als Zweischeibenwärmeschutzverglasung ausgeführt.

5.1.3   Lichtdecke

Die Lichtdecke soll eine gleichmäßige Ausleuchtung der Ausstellungshallen entweder durch Tageslicht oder gegebenenfalls durch die Zuschaltung oder durch alleinigen Betrieb mit Kunstlicht ermöglichen. Da der Dachraum zwischen Lichtdecke und Dachverglasung und somit außerhalb des klimatisierten Bereiches liegt, stellt die hier gewählte Zweifachverglasung gegenüber einer Einfachverglasung die energetisch bessere Lösung dar. Um jedoch Tauwasserausfall im Dachraum zu vermeiden, der durch das Einströmen von warmer, feuchter Luft über die luftdurchlässige Lichtdecke entstehen könnte, wird zur leichten Erhöhung der Dachraumtemperatur mittels Lüftungsanlage warme Zuluft in den Dachraum eingeblasen. Der U_g-Wert und der g-Wert der Lichtdecke liegen bei 1,1 W/m²K und 0,64.

5.1.4   Hallenboden

Die anfängliche Planung sah vor, den Stirnholzparkettboden zu belassen. Es stellte sich jedoch heraus, dass ein in den 1970er Jahren verwendeter Kleber den Boden mit Schadstoffen durchsetzt hatte. Dies führte zu der Entscheidung, den gesamten Parkettboden auszutauschen. Aufgrund der niedrigen Bodenaufbauhöhe kann keine Dämmung unter dem Parkett eingebracht werden.

5.1.5   Unterdecken und Dach

Die Unterdecken, die die Räume nach oben zum Dachraum abschließen, erhalten auf der Oberseite eine 16 cm dicke Dämmung aus Mineralwolle. Der resultierende U-Wert der Decke liegt nach der Sanierung bei 0,24 W/m²K. Einige Unterdecken werden thermisch aktiviert. Das Dach, das bisher ohne Dämmung ausgeführt war, erhält unterhalb der Holz-schalung eine 24 cm dicke Mineralwolledämmung, dadurch wird ein U-Wert von 0,15 W/m²a erzielt.

5.2   Anlagentechnische Sanierungsmaßnahmen

Nach den Dämmmaßnahmen an der Hüllfläche folgt im zweiten Schritt die Erneuerung der Anlagetechnik. Sie wurde sowohl für die Wärmeversorgung als auch für die Kälte-versorgung des Gebäudes unter Einsatz von regenerativen Komponenten gestaltet. Eine öl- oder gasbefeuerte Wärmeversorgungsanlage kommt für die Ausstellungshallen nicht in Frage, da aus Gründen des Denkmalschutzes kein Schornstein zugelassen ist.

5.2.1   Wärme- und Kälteerzeugung

Die für die Beheizung der Ausstellungshallen und Konditionierung der Luft benötigte Wärme wird anhand von drei verschiedenen Wärmeerzeugern bereitgestellt. Ein Erdgas-BHKW deckt die Grundlast der benötigten Heizleistung und ist aufgrund der erwähnten Schornsteinproblematik im benachbarten Gebäude des Museums Künstlerkolonie unter-gebracht, wo bauzeitliche Kaminzüge genutzt werden können. Der dort produzierte Strom kann für den Betrieb der Lüftungsanlage und für die Beleuchtung herangezogen werden. Als weiterer grundlastfähiger Wärmeerzeuger befinden sich im Ausstellungsgebäude Sole-Wasser-Wärmepumpen, welche auf eine Kammer des historischen Wasserspeichers (2.400 m³ Speichervolumen) als Wärmequelle zurückgreifen. Die Einbeziehung des Was-serspeichers in das Energiekonzept geht auf eine Idee von Markus Müller (Büro Schlier und Partner) zurück. Da das Volumen einer der beiden Kammern groß genug ist, um als Speicher nutzbar gemacht zu werden, konnte auch die Denkmalpflege dem Konzept zu-stimmen: die zweite Kammer bleibt ungenutzt und ist so weiterhin als Industriedenkmal für Besichtigungen zugänglich. Hier zeigt sich besonders deutlich, wie jede einzelne Maßnahme in der Abwägung unterschiedlicher Interessen durch die Kompromissbereit-schaft aller beteiligten Experten und Institutionen sinnvoll für das Gebäude nutzbar ge-macht werden konnte.

Um den Wasserspeicher im Winter als Wärmequelle für die Wärmepumpen zu regene-rieren, wird die sommerliche Abwärme der Kompressionskältemaschine dem Speicher zugeführt. Dadurch kann auf einen Rückkühler verzichtet werden. Ferner werden 8 Erd-wärmesonden betrieben; zum einen, um aus Gebäudeschutzgründen sicherzustellen, dass der Speicher nicht unterhalb von 5 °C abkühlt und zum anderen, um die Quelltemperatur für die Wärmepumpe auf möglichst hohem Niveau zu halten.

Die gespeicherte „Kälte" ermöglicht eine niedrige Rückkühltemperatur für den Rück-kühlkreis der Kompressionskältemaschine, was sich positiv auf deren Leistungszahl und Energieeffizienz auswirkt. Ursprüngliche Planungen sahen auch die Möglichkeit der

Rückkühlung des Wasserspeichers über ein Rückkühlwerk vor. Allerdings konnte aufgrund der Denkmalschutzanforderungen und der damit verbundenen Erhaltung des Gesamterscheinungsbildes kein geeigneter Aufstellort gefunden werden, weshalb hier auf die Erdwärmesonden als Rückkühlmöglichkeit zurückgegriffen wird, was insgesamt auch die deutlich nachhaltigere Variante darstellt.

Auftretende Heizlastspitzen werden durch Gasbrennwertkessel abgedeckt, welche ebenfalls im benachbarten Ernst-Ludwig-Haus untergebracht sind. Das BHKW kann ganzjährig in Betrieb genommen werden. Wenn seine Wärme nicht für Heizzwecke genutzt werden kann, kann sie an das Wasserreservoir oder an die zusätzlich vorhandenen Erdwärmesonden abgegeben werden.

5.2.2 Lüftung

Jede der fünf Hallen sowie Küche, Werkstatt, Magazin und Café erhalten eine separate Lüftungsanlage. Diese dezentrale Anordnung der Anlagentechnik ergibt sich aus dem jeweils vorhandenen Raumangebot innerhalb des denkmalgeschützten Gebäudes. Bis auf die Anlagen der Küche und der Dachräume sind alle Anlagen mit einer Wärmerückgewinnung ausgestattet. Überwiegend werden sie über ein Kreislaufverbundsystem (KVS) realisiert. Die den Hallen und dem Magazin zugeführte Luft kann erwärmt, gekühlt, befeuchtet und entfeuchtet werden, denn in diesen Räumen befinden sich die Ausstellungsexponate. Die Zuluft der Werkstatt wird, wenn erforderlich, nur erwärmt. Die Zuluft der übrigen Räume kann gekühlt und erwärmt werden.

Eine planerische Herausforderung stellte die Unterbringung der Lüftungsanlagen dar. Die beabsichtigte Wahl eines Kaltdampfbefeuchters konnte nicht umgesetzt werden, da die benötigten Verdunstungsstrecken nicht vorhanden sind. Deshalb musste auf die primärenergetisch weniger effiziente Befeuchtung über elektrisch betriebene Heißdampfbefeuchter zurückgegriffen werden, mit deren Betrieb auch schon früher Erfahrungen auf der Mathildenhöhe gesammelt wurden.

5.2.3 Statische Heiz- und Kühlsysteme

Um die erforderlichen bewegten Luftmengen für die Beheizung der Ausstellungshallen und damit die nötige Antriebsenergie der Ventilatoren zu reduzieren, wurden für die verschiedenen Hallen individuelle Lösungen zur Maximierung der thermisch aktivierbaren Wand- und Deckenflächen geplant. Dabei wurde berücksichtigt, dass aufgrund der Flexibilität der Wandflächen und der konservatorischen und sicherheitstechnischen Anforderungen eine Aktivierung im üblichen Hängebereich von Bildkunst nicht möglich ist.

Von einer Aktivierung des Fußbodens wurde abgesehen, da dies nicht mit dem zu erhaltenden Vollholz-Bodenbelag in Einklang zu bringen ist. Dadurch war es notwendig, aktivierbare Flächen im Wand- und Deckenbereich heranzuziehen. Bei den thermisch akti-vierten Flächen handelt es sich beispielsweise in Halle 1 um einen ein Meter breiten Wandstreifen im unteren Wandbereich und einen ebenfalls ein Meter breiten Streifen an den Längswänden im oberen Wandbereich. Ferner sind auch die gewölbten Decken-flä-chen thermisch aktiviert.

Um mit der begrenzt vorhandenen thermisch aktivierbaren Fläche eine möglichst hohe Kühl- bzw. Heizleistung in den Ausstellungshallen bereitzustellen, wurden verschiedene Systeme betrachtet. Aufgrund der höchsten thermischen Leistung und der geringen Auf-bauhöhe wird nach derzeitigem Planungsstand auf Kapillarrohrmatten zurückgegriffen. Diese werden auch an Außenwänden ohne rückwärtige Dämmung verbaut, da die dadurch entstehenden Aufbauten im Hängebereich der Bilder über Plattenbaustoffe oder Putzschichten hätten ausgeglichen werden müssen. Die wasserführenden Kapillarrohre werden somit in die bestehende Wand eingelassen. Es ist vorgesehen, den bestehenden Innenputz von diesen Flächen abzutragen und danach die Kapillarrohrmatten auf einer Trägermatte zu befestigen. Zum Abschluss erfolgt das Einputzen der Matten. Die nicht aktivierten Wandflächen erhalten eine Putzausgleichsschicht, damit die fertige Oberflä-che keine Stufen aufweist.

Durch die Aktivierung der Wand- und Deckenflächen können z. B. in Halle 1 rund 50 % der rechnerischen Heizlast und 100 % der errechneten Kühllast gedeckt werden. Dadurch kann im Winter der erforderliche Umluftvolumenstrom für die Beheizung der Halle durch die Lüftungsanlage im Vergleich zum Bestand deutlich reduziert werden. So werden große Mengen an Antriebsenergie für die Ventilatoren eingespart.

6   Energetische Bewertung

Auf Basis der detailliert durchgeführten Bestandserfassung der Außenbauteile und der Anlagentechnik konnte mit dem in DIN V 18599 [4] festgelegten Rechenverfahren der Energiebedarf für das Gebäude sowohl für den Zustand vor als auch nach der Sanierung berechnet werden. Zum Gebäude gehören die Ausstellungshallen, das Magazin, die Werkstatt und das zwischen Halle 3 und Hochzeitsturm liegende sogenannte Zwischen-bauwerk, also der gesamte zusammenhängende Gebäudekomplex, jedoch ohne Hochzeit-sturm.

Für den Ist-Zustand der Mathildenhöhe ergibt sich für das deutsche Referenzklima (Pots-dam) nach DIN V 18599 ein Endenergiebedarf von 1.261.036 kWh, das entspricht einem nutzflächenbezogenen Bedarf von 611 kWh/m²a (es ist dabei zu beachten, dass einige Hallen eine lichte Höhe von über 7 m aufweisen). Da im Ist-Zustand ausschließlich Strom als Energieträger verwendet wurde, kann dieser Endenergiebedarf näherungsweise mit dem gemessenen Stromverbrauch von 2008 (1.400.000 kWh) für die Mathildenhöhe (ohne Hochzeitsturm) verglichen werden. Auch der Energiebedarf des künftig sanierten Gebäudes kann nach dem gleichen Verfahren gemäß derzeitigem Planungsstand berech-net werden. Aufgrund der baulichen und anlagentechnischen Sanierungsmaßnahmen kann der Endenergiebedarf der Mathildenhöhe um 61 % auf 497.996 kWh/a (nutzflä-chenbezogen: 255 kWh/m²a) reduziert werden.

Der Vergleich des Bedarfs vor und nach der Sanierung ist in Bild 6-1 graphisch darge-stellt. So zeigt sich, dass der Endenergiebedarf für die Beheizung um 74 %, für Beleuch-tung um 48 %, für Belüftung um 52 % und für Kühlung um 36 % reduziert werden kann.

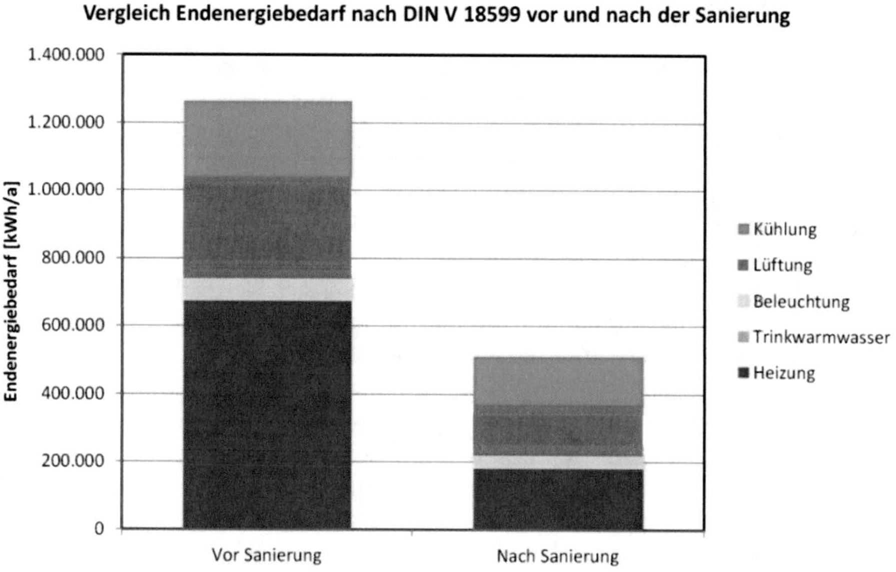

Bild 6-1 Gegenüberstellung des nach DIN V 18599 berechneten Endenergiebedarfs vor und nach der Sanierung (Quelle: IBP).

Die insgesamt erreichte Reduzierung des Endenergiebedarfs beträgt 61 % und die des Primärenergiebedarfs 65 %. Dies zeigt deutlich die Wirksamkeit der integralen Planung bei der Sanierung von Gebäuden mit hochkomplexen klimatischen und konservatorischen Anforderungen.

7   Fazit

Im Rahmen der Gesamtsanierung des Ausstellungsgebäudes auf der Mathildenhöhe Darmstadt konnte das Ziel erreicht werden, ein Energiekonzept zu erarbeiten, welches sich die spezifischen Rahmenbedingungen des Ortes zunutze macht, um im denkmalge-schützten Kontext die heutigen Anforderungen an ein modernes Ausstellungshaus mit angemessenen technischen Mitteln zu erfüllen.

Die Entwicklung des Energiekonzeptes nahm dabei einen weitaus längeren Zeitraum in Anspruch als ursprünglich geplant. Grund dafür ist jedoch nicht das Konzept an sich, sondern veränderte Planungsanforderungen im Verlauf des Projektes, die sich aus der möglichen Anerkennung als Welterbestätte ergeben haben. Dies hat dazu geführt, dass Planungen, die bereits erfolgt waren, neu hinterfragt und teilweise verworfen werden mussten. Insbesondere die sorgfältige Abstimmung aller denkmalrelevanten Fragen im Zusammenhang mit der UNESCO-Welterbebewerbung ging über die üblichen Abstimmungsläufe bei Projekten mit Denkmalschutzanforderungen deutlich hinaus.

Auf den ersten Blick erscheinen viele objektspezifische Rahmenbedingungen als Einschränkungen: Die bisherige Nutzung der Haupttrinkwasserleitung als Wärmequelle und Wärmesenke darf nicht mehr angewendet werden. Die Errichtung eines Schornsteins ist nicht erlaubt. Ferner darf kein Rückkühler außerhalb des Bauwerks aufgestellt werden. Für die Aufstellung der Lüftungsanlagen ist extrem wenig Platz vorhanden, es gibt keinen großen zusammenhängenden, sondern nur mehrere kleinere mögliche Aufstellorte. An den Außenwänden darf kein klassisches Wärmedämmverbundsystem aufgebracht werden. Eine Innendämmung wird aufgrund der eingeschränkten Nutzbarkeit der Wände als Hängefläche für wechselnde Ausstellungen nicht akzeptiert. Der Boden kann aufgrund der vorgegebenen Aufbauhöhe keine Dämmung erhalten.

Auf der anderen Seite ist jedoch ein großes Wasserreservoir vorhanden, das als Energiespeicher genutzt werden kann. Mit dem vergleichsweise neuartigen Aerogel-Dämmputz steht ein Produkt zur Verfügung, mit dem sich die energetische Qualität der Außenhülle denkmalgerecht verbessern lässt. Moderne Gläser erlauben einen kontrollierten und effizienten Einsatz von Tageslicht bei gleichzeitig minimierten Wärmeverlusten. Innenwand- und -deckenoberflächen können außerhalb der Hängebereiche zur Bauteilaktivierung herangezogen werden. Die Kriechgänge, über die ehemals erwärmte Luft in die Ausstellungshallen gelangen konnte, bieten genug Installationsraum, um heute die Abluftführung aus den Hallen realisieren zu können. Im benachbarten Ernst-Ludwig-Haus können ein BHKW sowie ein Gasbrennwertkessel aufgestellt und über eine Nahwärmeleitung an das Ausstellungsgebäude angebunden werden. Im Außenbereich ist gerade noch genug Platz vorhanden, um 8 Erdsonden unterzubringen, die in Kombination mit dem Wasserspeicher ausreichen, um einen zusätzlichen Rückkühler zu vermeiden.

Dem Projektteam ist es im Rahmen der integralen Planung gelungen, ein Energiekonzept zu entwickeln, mit dem der Endenergiebedarf um voraussichtlich 61 % und der Primärenergiebedarf um 65 % gesenkt werden kann und gleichzeitig ein hoher thermischer Komfort im Gebäudeinnern zu erwarten ist. Die interdisziplinäre Zusammenarbeit im Planungsteam und die Kompromissbereitschaft auf Seiten der Denkmalpflege sowie bei Bauherrn und Nutzer sind in ihrer methodischen Herangehensweise beispielgebend für energetische Sanierungen insgesamt.

8 Danksagung

Die Deutsche Bundesstiftung Umwelt förderte die Konzeption der energetischen Sanierung der Ausstellungshallen des Museums Mathildenhöhe. Dafür möchten sich die Autoren herzlich bedanken. Ein weiter Dank gilt dem Eigenbetrieb Kulturinstitute der Wissenschaftsstadt Darmstadt, dem Immobilienmanagement Darmstadt, dem Institut Mathildenhöhe sowie den Leitungen und Mitarbeitern des Fraunhofer-Instituts für Bauphysik, des Architekturbüros schneider + schumacher und der Ingenieurgesellschaften ingplan, Schlier und Partner sowie Tichelmann & Barillas.

9 Literatur

[1]   Reiß, J.; Illner, M.; Erhorn, H.; Kilian, R.; Klemm, L.: Konzeption einer beispielhaften energetischen Sanierung der Ausstellungshallen des Museums Mathildenhöhe in Darmstadt. Abschlussbericht Deutsche Bundesstiftung Umwelt, Az. 32110-25, 2017.

[2]   Gellhaar, C.: Mathildenhöhe Darmstadt. 100 Jahre Planen und Bauen für die Stadtkrone 1899 – 1999, Band 3. Justus von Liebig Verlag Darmstadt, 2004.

[3]   HASIT: Technisches Merkblatt HASIT Fixit 222 Aerogel Hochleistungsdämmputz.

[4]   Verordnung über energiesparenden Wärmeschutz und energiesparende Anlagentechnik bei Gebäuden (Energieeinsparverordnung EnEV) vom 18. November 2013 (BGBl. IS. 3951).

Strategien zur denkmalgerechten Sanierung von Fassaden der Nachkriegsmoderne

Dr.-Ing. Florian Mähl[1]

1 osd – office for structural design, Gutleutstr. 96, 60329 Frankfurt am Main, Deutschland

Die energetische Sanierung des Gebäudebestands ist ein wichtiger Beitrag, um bereits gebaute Substanz als Ressource zu erhalten, energieeffizient zu betreiben und zukunftssicher zu gestalten. Eine besonders interessante „Ressource" stellen die Gebäude der deutschen Nachkriegsmoderne aus den 50er-/60er-Jahren dar. Viele dieser Gebäude wurden bereits vor Jahrzehnten „kaputt" saniert, wenige sind noch im Originalzustand erhalten, werden aber in jüngster Zeit immer häufiger zu Spekulations- oder Störobjekten degradiert. Deren Sanierung steht daher umso mehr unter der Prämisse der Wirtschaftlichkeit, manchmal wird sie sogar zum Spielball politischer Interessen.

Von zentraler Bedeutung ist der Umgang mit der bestehenden Gebäudehülle. Neben ihrer unmittelbaren stadträumlichen Bedeutung als Gesicht des Gebäudes birgt sie in der Regel das größte Potential, wesentliche Einsparungen im Energiebedarf des Gebäudes sowie spürbare Verbesserungen in Bezug auf den Nutzerkomfort im Gebäude zu generieren.

Schlagwörter: energetische Sanierung, Gebäudebestand, Ressource Nachkriegsmoderne, Gebäudehülle, Hochhaus, bauphysikalische und raumklimatische Aspekte

1 Fassaden der deutschen Nachkriegsmoderne

1.1 Allgemeine Merkmale in Bezug auf Architektur und Bautechnik

Die Bautechnik nach dem 2. Weltkrieg war geprägt durch Materialknappheit sowie einer weitgehend dezimierten Bauindustrie mit begrenzten Möglichkeiten zur Herstellung und Montage von Bauteilen und Konstruktionen. Gleichzeitig setzte sich die durch das industrialisierte Bauen eingeleitete Abkehr von traditionellen Bauarten weiter fort. Der Bedarf an Wohn- und Verwaltungsgebäuden war in Deutschland nach dem Krieg bis weit in die 60er Jahre besonders hoch. Diese Rahmenbedingungen machten es notwendig, radikal neue Wege zu gehen und schnell und effizient zu bauen. Materialien wurden aufgrund ihrer Knappheit mit Kriegsschutt „gestreckt", auf der Baustelle war Improvisation an der Tagesordnung. Neben der Etablierung diverser Bausysteme des Massivbaus kamen gerade im Fassadenbereich auch erstmalig neue Baustoffe und Systeme auf den Markt wie z.B. Glasbausteine, Leichtmetallsysteme oder Platten/Fliesen, die für „das neue Bauen" und „die Moderne" stehen sollten. Häufig fehlte hier aber noch die Erfahrung, wie mit den neuen Baustoffen materialgerecht umzugehen wäre. Bauverfahren mit diesen Rahmenbedingungen wurden schnell weiterentwickelt und führten u.a. zu den charakteristischen „leichten" Konstruktionen und Tragwerken dieser Zeit wie z.B. das schwebende Flugdach oder zu den schlanken Vordächern aus Stahlbeton, wie sie vor vielen

Wohngebäuden bis heute stehen. Das Thema konstruktiver Brandschutz war zwar bereits etabliert, aber er steckte noch in den Kinderschuhen. Bauphysikalische Disziplinen, die heute zur Optimierung des thermischen und akustischen Raumkomforts beitragen und die Planung von Fassaden bestimmen, spielten hingegen keine wesentliche Rolle.

1.2   Fassadenspezifische Merkmale

Die Fassadenkonstruktionen sind durch eine durchgängige formale Schlichtheit gekennzeichnet, wobei sich diese Schlichtheit weniger durch eine Monotonie von Material- oder Bauteilkombination ausdrückt, sondern durch eine durchweg materialsparende, dabei ornamentfreie, rein auf die jeweilige Funktion ausgerichtete Bauweise. Sie sind ebenfalls geprägt durch den Fokus auf die Hauptfunktionen wie Witterungsschutz, Belichtung und Abgrenzung zum Außenraum. Die materialsparende Ausführung ist ebenfalls ein wesentliches Merkmal und lässt sich u.a. auf die Knappheit der verfügbaren Baustoffe bei gleichzeitig stark wachsender Nachfrage erklären. Die Tragwerksebene ist zudem häufig auch die Fassadenebene. Da für Nichtwohngebäude in den Städten meist Skelettbauten aus Stahlbeton gebaut wurden, ergab sich eine aus der Konstruktionsweise zwangsläufige Notwendigkeit zur Gliederung der Fassaden. Aufgrund der massenhaften Anwendung von Stahlbetonsystemdecken, wie Kaiser, Omnia etc. standen die Stahlbetonstützen in der Fassadenebene meist sehr eng. Die sich ergebenen Brüstungen wurden meist mit Ziegeln oder Gasbetonsteinen aufgemauert und mit Natursteinplatten oder kleinformatigen Fliesen im Mörtelbettverfahren und Drahtankern verkleidet. Die Öffnungen wurden mit Stahlfenstern geschlossen, meist mit Öffnungsflügeln im Wende- oder Schwingbetrieb, die Leibungen mit Platten oder Fliesen verkleidet. Große Flächen wie Treppenhausfassaden o.ä. wurden mit Glasbausteinwänden geschlossen. Bei Hochhäusern oder größeren Verwaltungsbauten, bei denen das Tragwerk häufig in Stahl- bzw. Stahlbetonverbundbauweise ausgeführt wurde, kamen nach Vorbild der modernen nordamerikanischen Hochhausarchitektur vermehrt Vorhangfassaden in Stahlbauweise zum Einsatz. Sofern Dämmschichten zum Einsatz kamen, handelte es sich in der Regel um Holzwolle-Leichtbauplatten, die als verlorene Schalung im fassadenständigen Sturz- oder Deckenbereich innenseitig angeordnet wurden.

Trotz der seinerzeit beschränkten finanziellen Mittel ist es bemerkenswert, dass bei den meisten repräsentativen Bauten gerade der öffentlichen Verwaltungen in der Regel Natursteinverkleidungen zum Einsatz kamen. Bild 1-1 zeigt mit der Kreisverwaltung Kaiserslautern (Architekten: Kreisbauamt und Kurt Papzien, 1956-60 / Architekten Sanierung: schneider+schumacher, 2018) die zuvor genannten Charakteristika.

Bild 1-1 Kreisverwaltungsgebäude Kaiserslautern nach Fertigstellung 1960 (Quelle: © Kreisverwaltung Kaiserslautern).

2   Ansätze zur denkmalgerechten Sanierung

2.1   Motivation und Interessenlage bei Fassadensanierungsprojekten

Die Motivation des Bauherrn für die Sanierung eines Gebäudes bzw. seiner Fassade kann sehr unterschiedliche Gründe haben. In den allermeisten Fällen zielen Sanierungsprojekte auf eine bessere Vermarktung und kurzfristige Wertsteigerung, heutzutage meist in einem globalisierten Markt. Dies wird in der Regel durch Umsetzung höherer baulicher Standards im Gebäude, Verbesserung des Raumkomforts und vor allem durch Senkung der Betriebskosten verfolgt. Nicht unwesentlich ist auch der Wert des Gebäudestandortes. Dieser kann die Hemmschwelle, ein Gebäude im Zweifel auch aufzugeben, drastisch senken. Viele Gebäude werden als Investitionsobjekte in die Portfolios aufgenommen und nicht selten nach erfolgter Sanierung und Vermietung wieder gewinnbringend verkauft. Entsprechend stark gewichtet sind die Faktoren Zeit und Geld bereits bei der Planung und Umsetzung der Sanierungsvorhaben.

Aus Autorensicht wird leider in den wenigsten Fällen der Bestand vor Planungsbeginn ausreichend genug begutachtet und analysiert. Häufig ergeben sich im fortgeschrittenen Planungsprozess oder auch erst in der Ausführung neue, oft fundamentale Erkenntnisse, die ein Sanierungskonzept komplett in Frage stellen können. In den wenigsten Fällen spielen Anreize wie die Inanspruchnahme von staatlichen Förderprogrammen von KfW, dena, BAFA etc. eine Rolle. Umso mehr gewinnen die Programme der diversen Gebäudezertifizierer an Bedeutung, wie DGNB, LEED etc., die sich auf den Gebäudebestand in den letzten Jahren besonders fokussiert haben.

Sind Denkmalschutzauflagen mit dem Gebäude verbunden, kann dies für den Projekterfolg Vor- und Nachteil zugleich sein. Vorteil zum Beispiel dahingehend, dass gerade im Gebäudebestand innovative Konzepte mit Schwerpunkt Regenerative Energieerzeugung und -nutzung in Verbindung mit moderner Anlagentechnik zur zeitgemäßen thermischen Konditionierung größere Chancen haben, wenn die baulichen Möglichkeiten aufgrund einer denkmalgeschützten Gebäudehülle eingeschränkt sind. Aber auch innerhalb der Fassadenebene haben „in der Not" neue integrative Konzepte bessere Chancen, da vordergründig „günstige" Lösungen wie Wärmedämmverbundsysteme oder ähnliches von vornherein ausgeschlossen sind. Nachteil zum Beispiel dahingehend, dass die Daseinsberechtigung eines Gebäudes im wirtschaftlichen Sinne auf den „Schutz" eines Denkmals reduziert werden kann und eine Sanierung dann eventuell lange rausgezögert wird. In Bezug auf die Fassaden fällt auf, dass in den großen deutschen Städten Themen wie Ensembleschutz oder „städtebaulicher Denkmalschutz" in Verbindung mit Gebäuden der Nachkriegsmoderne so gut wie keine Rolle spielen.

Für die Fassaden von Gebäuden der deutschen Nachkriegsmoderne ergibt sich noch eine weitere Besonderheit: Fassaden von Gründerzeitbauten werden anders gewichtet und fallen unter eine Art automatischen Schutz, da deren Architektursprache mit ihren Oberflächen und Konturen in der Gesamtwirkung ihrer Bestandteile definiert wird und durch den Nutzer und in der Öffentlichkeit auf emotionaler Ebene (schön) anerkannt ist. Fassaden der Nachkriegsmoderne sind hier eher gefährdet, da deren schlichte, typisierte und industriell geprägte Bauweise eine emotionale Aneignung bisher eher erschweren. Gleichzeitig erleichtert und verleitet deren formale Schlichtheit zu vorschnellen und technisch häufig einfach umsetzbaren Maßnahmen (Wärmedämmverbundsysteme etc., siehe oben), die den Charakter der Fassaden unumkehrbar zerstören könnten.

2.2   Strategien zur denkmalgerechten Sanierung von Fassaden

Unter Berücksichtigung zuvor genannter Aspekte hat sich in der eigenen Planungspraxis über die letzten Jahre eine Herangehensweise bewährt, in der die bestehenden Fassadenkonstruktionen zunächst umfassend analysiert und mögliche Sanierungsmaßnahmen hinsichtlich ihrer Eingriffsintensität in aufsteigender Reihenfolge geprüft und bewertet werden. Die Reihenfolge der Bewertung stellt für jede Sanierungsaufgabe sicher, dass vorrangig eine möglichst ressourcenschonende und bestandsbewahrende Planungslösung gefunden wird. Denkmalpflegerische Belange bei Gebäuden mit entsprechendem Status werden bei dieser Herangehensweise automatisch mit entsprechender Bedeutung berücksichtigt.

Die erste Analyse sollte sich nicht nur rein auf bautechnische Aspekte beschränken, sondern auch seine „Geschichte" von der Erstmontage über die „betriebliche" Nutzung bis
heute beleuchten. Hierbei ist auch zu klären, ob an den Bauteilen in der Vergangenheit
bereits Instandsetzungen, Ertüchtigungen oder Austausche vorgenommen wurden und
welche Gründe es ggf. hierfür gegeben hat. Ebenfalls zu bewerten ist die baukulturelle
Bedeutung des jeweiligen Bauteils als Zeugnis einer bestimmten Epoche oder einer orts-
typischen Bauweise. Weshalb wurde die Bauweise seinerzeit für die Fassade des Bauwerks gewählt? Im nächsten Schritt ist neben der systemischen Betrachtung auch eine
individuelle Bewertung vorzunehmen, ob und wenn ja an welchen Fassadenbauteilen
Schäden oder Mängel vorhanden sind bzw. in der Vergangenheit aufgetreten sind. Wichtig ist in diesem Zusammenhang eine abschließende Klärung, ob die festgestellten Schäden oder Mängel lokal vereinzelt oder systemisch, also bautechnisch bedingt sind. Nach
der Analyse ist ein bauteilspezifisches Konzept zur Sanierung zu erstellen.

Bei lokalen Schäden sind Instandsetzungsmaßnahmen ggf. individuell zu definieren, bei
systemischen Schäden oder Mängeln wie z.B. korrodierten Rahmenprofilen, ausgerisse-
nen Ankerdornen etc. ist über einen Austausch oder eine Ertüchtigung der entsprechenden
Fassadenbauteile nachzudenken.

Bei nicht mehr standsicheren Fassaden ist zu klären, ob die abgängigen Bauteile ggf. mit
denkmalschutz-konformen Methoden langfristig gesichert werden können, z.B. punkt-
weiser Verdübelung von Natursteinplatten etc. Hier spielen auch die Eignung und der
bauliche Zustand des Verankerungsgrundes eine Rolle. Eventuell müssen tiefergehende
Untersuchungen am Objekt erfolgen. Einen sehr großen Einfluss auf den Sanierungsum-
fang können auch die Ergebnisse einer Schadstofferkundung haben.

Steht wie in den meisten Fällen eine Verbesserung der Energieeffizienz des Gebäudes
bzw. des thermischen Raumkomforts im Vordergrund, sollten zunächst schrittweise alle
denkmalverträglichen Lösungen geprüft werden. Am denkmalverträglichsten in Hinblick
auf die Fassade sind erst einmal alle Maßnahmen, die die Gebäudehülle nicht direkt be-
treffen. So kann z.B. bei ansonsten intakter Fassade die Implementierung moderner Anlagentechnik in Verbindung mit der Nutzung regenerativen Energien bereits zu einer sehr
spürbaren und wirtschaftlich darstellbaren Verbesserung führen. Dies gilt auch in der aktiven Nutzung von Sonnenenergie und Tageslicht durch geeignete Neuzonierung und Belichtung der Räume. Ein weiterer sehr denkmalverträglicher Ansatz besteht in der Dämmung der gebäudehüllenden Bauteile ohne denkmalpflegerischen Anspruch wie z.B. Kel-
ler- und Dachdecken sowie erdberührte Bauteile, die bei den meisten Gebäuden, von
Hochhäusern einmal abgesehen, einen sehr hohen Flächenanteil an der thermischen Gebäudehülle einnehmen. Häufig sind hier auf sehr einfache und kostengünstige Weise auch
höhere Dämmstärken aufgrund von ausreichend hohen Attiken im Dachbereich oder
leicht reduzierbaren lichten Raumhöhen im Kellerbereich umsetzbar. In Verbindung mit
erforderlich werdenden Abdichtungsmaßnahmen können diese direkt mit ausgeführt werden.

Sind denkmalverträgliche Lösungen je nach Projektziel oder Objektzustand nicht ausreichend, können in einem weiteren Schritt bauliche Maßnahmen an den Fassadenkonstruktionen selbst definiert und geprüft werden. Dies kann vom Austausch einzelner Bauteile wie Glasscheiben oder Fensterrahmen über Ertüchtigungsmaßnahmen an bestehenden Fenstern bis zum Komplettabriss und zur Wiederherstellung der Fassadenkonstruktion in neuer Bautechnik führen. Häufig sind gerade die für die Nachkriegsmoderne charakteristischen Fensterflügel-Konstruktionen wie Schwing- und Wende-fenster in ihrer bestehenden Ausführung häufig nicht mehr denkmalgerecht zu ertüchtigen, gerade was den Öffnungskomfort oder die erhöhten Komforterwartungen an den Wärme- und Schallschutz angehen. Hier bietet die Bauindustrie mittlerweile vielfältige Möglichkeiten, die entsprechenden Fenstertypen denkmalgerecht in technisch neuer Bauweise am Gebäude wieder zu installieren und dabei die wesentlichen Parameter wie Profiltreue, Proportion und Materialität direkt zu berücksichtigen.

3   Planung und Umsetzung von Fassadensanierungsprojekten

3.1   Fraunhofer-Institut LBF-K, Darmstadt

Architekt: Günter Koch, 1955-57

Architekten Sanierung: mtp Architekten, Frankfurt am Main, 2018

Bei dem Gebäude handelt es sich um das ehemalige Gebäude des Deutschen Kunststoffinstituts, welches aus einem Büro- und Laborgebäude sowie dem so genannten Technikum besteht. Es steht stellvertretend für viele Bürogebäude im Nachkriegsdeutschland der 50er-Jahre. Im Zuge einer Komplettsanierung des Gebäudes, vor allem aufgrund brandschutz- und haustechnischer Erfordernisse stellte sich auch die Frage nach dem Handlungsbedarf bei den vorhandenen Fassaden des Gebäudes.

Die Fassade besteht aus einem Stahlbetonskelett mit frei bewitterten Stahlbetonlisenen und -balken, die Teil des Gebäudetragwerks sind. Die Brüstungsfelder sind mit Klinkern ausgemauert, die außenbündig nahezu mit den Stahlbetonbauteilen abschließen. Innenseitig ist eine 2-3 cm starke, verputzte HWL-Dämmplatte vorhanden. Alle Außenwände bis auf die Nord-Ost-Fassade wurden ca. 2002, im Zuge des Austausches der Fenster, saniert. Die Riemchen wurden an einigen Stellen mit Beton unterspritzt um ein weiteres Ablösen zu verhindern. Sämtliche Oberflächen wurden neu beschichtet oder gereinigt. Die Leichtmetall-Fenster von 2002 wurden in einem guten Zustand vorgefunden. In der Funktionalität für die Nutzer als auch nach der Qualität des Einbaus wurden keine Mängel erkannt, Schäden waren laut Nutzer nicht bekannt.

Die geschlossenen Stirnwände des Technikums bestehen aus einem tragenden Kern aus Ytong. Diese sind innen und außen mit Klinker versehen. Ein gestalterisches Merkmal der damaligen Zeit ist die Ausbildung der aufgehenden Wand über die Dachfläche hinaus. Da nach heutigem Verständnis weder Dach noch Wand gedämmt sind, ist dieses Detail nicht als Wärmebrücke zu bewerten. Der Wärmedurchgangswiderstand beider Bauteile ist im Verhältnis aber sehr hoch. Die Glasfassade bestand immer noch aus originaler Ein-scheibenverglasungen und filigranen Stahlrahmen. Der festgestellte U-Wert von 5,0 W/m²K zeigte, dass über dieses Bauteil verhältnismäßig viel Wärme verloren ging.

Bild 3-1 Ehemaliges Deutsches Kunststoff-Institut, jetzt LBF-K, während der Sanierung (Foto: © Thomas Ott).

3.1.1 Sanierungsmaßnahmen Fassaden Büro- und Laborgebäude

Da die gegliederten Fensterfassaden einen guten Zustand ohne ersichtliche Schäden oder Mängel aufwiesen, wurde von weiteren Sanierungsmaßnahmen abgesehen.

Zur weiteren Reduzierung des Wärmeverlustes wurde die Möglichkeit einer Innendäm-mung geprüft. Damit hätte der U-Wert der Wand erheblich verbessert werden können. Es gab jedoch mehrere Gründe, die diese Variante technisch und wirtschaftlich als nicht praktikabel erwies. Zum einen hätte die Dämmung in Form von Keilen am Fußboden weitergeführt werden müssen. Zum anderen ergaben sich zahlreiche Schnittstellen mit den vorhandenen Heizkörpern. Die Ausführung der Innendämmung hätte zur Verkleine-rung des Innenraums geführt und der Fußboden hätte in Fassadennähe auf der gesamten Länge des Gebäudes geöffnet werden müssen. Zudem sollte die Sanierung im laufenden Betrieb vorgenommen werden, so dass von dieser Variante abgesehen wurde.

3.1.2   Sanierungsmaßnahmen Technikum

Hier sollte ebenfalls das Erscheinungsbild der verklinkerten Außenwand bewahrt werden, so dass ebenfalls die Möglichkeit einer Innendämmung diskutiert wurde. Bei der Bestandsaufnahme wurde jedoch festgestellt, dass einige Maschinen bzw. Befestigungen für flexible Absaugrohre an der Innenwand montiert waren. Die Innendämmlösung wurde daher verworfen. Aufgrund der hohen Abwärmeleistung der im Technikum genutzten Maschinen und der eher handwerklichen Tätigkeit der Mitarbeiter konnten Einbußen im thermischen Raumkomfort in Kauf genommen werden. Die nicht einsehbare Flachdachfläche wurde vollflächig gedämmt.

Die filigrane Pfosten-Riegel-Konstruktion aus offenen Stahlprofilen wurde erhalten und statisch durch schmale, aufgeschraubte Rechteckrohrprofile ertüchtigt. Die Verglasung wurde vollständig erneuert. Hierfür wählte man eine Aufsatzkonstruktion eines Systemherstellers, welche auf die bestehenden, verstärkten Stahlprofile aufgeschraubt wurden. Die Fassade erhielt eine Verglasung aus Zweischeiben-Isolierglas nach EnEV mit leichter Sonnenschutzbeschichtung. Ein Großteil der Glasscheiben wurde mit einem Sonnenschutz-Lamellensystem versehen, das im Scheibenzwischenraum angeordnet ist und so die bestehende Fassadenstruktur nicht verändert.

3.2   Hamburg Height 1, ehemaliges Spiegel-Hochhaus, Hamburg

Architekt: Werner Kallmorgen, Hamburg, 1967-69

Architekten Sanierung: Winking + Froh, Hamburg, 2017

Das Gebäude hat als ehemaliger Redaktionssitz des Nachrichtenmagazins „Der Spiegel" Geschichte geschrieben. Es ist mit 12 Vollgeschossen etwas niedriger als sein Nachbar, das ehemalige „IBM-Hochhaus", ebenfalls von Werner Kallmorgen, 1963-67, welches sich derzeit noch in der Sanierung befindet. Besonderer Wert wurde seinerzeit auf die Innenausstattung des „Spiegel-Hochhauses" gelegt. Der Designer Verner Panton entwarf und verwirklichte den Innenausbau, u.a. ein Schwimmbad im Untergeschoss, die Kantine sowie die einzelnen Bürogeschosse. Im obersten, vollverglasten Geschoss kam die Chefredaktion zusammen, mit wunderbarem Blick auf Hamburg.

3.2.1   Denkmalschutzauflagen

Der ehemalige Spiegel-Verlagssitz steht unter Denkmalschutz. Hierzu gehören diverse Bauteile der Innenausstattung, unter anderem Natursteinverkleidungen, Beschläge, Aufzugsportale, und einzelne Abhangdecken. Auch die Glas-Metall-Fassade mit seinem außenliegenden Gebäude-Tragwerk in Stahlbeton-Skelettbauweise und Putzbalkonen gehört zum Denkmal. Die von Rippendecken überspannten, versetzten Bürogeschosse schließen den zentralen Treppenhauskern ein und können nach den Wünschen der zukünftigen Nutzer ausgestattet werden. Die Geschossdecken wurden hinsichtlich des

Schallschutzes auf heute übliche Standards ertüchtigt. Das neue Heiz- und Kühlkonzept mit zentraler Lüftungsanlage basiert auf der Nutzung des Fernwärmenetzes der Stadt Hamburg mit günstigen Primärenergiefaktor.

Für die Sanierung der Gebäudehülle forderte der Denkmalschutz, die Materialität, Oberflächenqualität sowie die Anordnung und Gliederung der Fassadenelemente zu erhalten bzw. nach Austausch der Fassadenelemente entsprechend wiederherzustellen.

Bild 3-2   Ehemaliges Spiegel-Hochhaus, jetzt Hamburg Height 1 (rechts im Bild) (Foto: © Carl-Jürgen Bautsch).

3.2.2   Sanierungskonzept für die Fassaden

Entwickelt wurde ein umfassendes und ganzheitliches Sanierungskonzept, bei dem die Gebäudehülle energetisch saniert und der Komfort hinsichtlich Raumklima, Akustik und Nutzerfreundlichkeit auf die heutigen Anforderungen unter Berücksichtigung der Denkmalschutzauflagen verbessert werden sollte.

Eine besondere Herausforderung stellen die Durchdringungspunkte des außenliegenden Tragwerks durch die thermische Hülle dar. Zur Reduzierung der Wärmeverluste wurde für die bestehende Fassaden-Situation eine Innendämmlösung mit mineralischen Dämmplatten entwickelt und thermisch-hygrisch simuliert. Der Schlagregenschutz der außenliegenden Bauteile des Stahlbetontragwerks wurde mit einer denkmalgerechten Oberflächenbeschichtung ertüchtigt, die Grundvoraussetzung für die Funktionstüchtigkeit der gewählten Innendämm-Lösung war.

Die Glasfassade wurde in gleicher Optik in Leichtmetall-Pfosten-Riegel-Bauweise und hochwärmedämmenden Dreifach-Isoliergläsern sowie Dämmpaneelen ausgetauscht. Parallel-Ausstellfenster ermöglichen nun eine natürliche Belüftung in jedem Raum. Zur Verbesserung des Schallschutzes und einer höheren Flexibilität in der Raumgestaltung wurde auf der Innenseite eine leichte Vorsatzschale angeordnet. Die Entwässerung der Putzbalkone wurde erneuert und in Hinblick auf Gefälle- und Entwässerungsführung optimiert.

Zur Gewährleistung eines angenehmen Raumklimas in den Sommermonaten wurde ein integriertes Konzept aus strahlungsdominierter Flächenkühlung (raumakustisch wirksame Kühldecken) und tageslichtoptimiertem Sonnenschutz auf der Innenseite der Glasfassade entwickelt. Die neuen Sonnenschutzgläser verfügen auf der Innenseite über einen verfahrbaren Raffstore mit speziell geformter Tageslichtlamelle. Zur weiteren Reduzierung des thermischen Eintrags im Sommer und zur effektiven Reduzierung der sommerlichen Kühllast wird der Zwischenraum zwischen Lamelle und Glasscheibe abgesaugt. Der Lüftungsquerschnitt wurde so optimiert, dass der wirksame Luftwechsel ohne Zugerscheinungen erreicht werden kann.

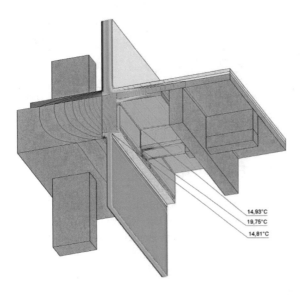

14,93°C
19,75°C
14,81°C

Bild 3-3 Thermische Simulation der Gebäudehülle am ehemaligen Spiegel-Hochhaus (Quelle: © osd).

3.3 Büro- und Geschäftshaus Neue Mainzer Straße 84, Frankfurt am Main

Architekt: Walther Born, 1955

Architekten Sanierung: Prof. Christoph Mäckler Architekten, Frankfurt am Main, 2015

Das Gebäude wurde Ende der 50er Jahre als Stahlbetonskelettbau mit Kassettendecken und Natursteinfassade errichtet. Das sechsgeschossige Gebäude befindet sich direkt am Opernplatz, zwischen der Neuen Mainzer Straße und der Goethestraße mit Büroflächen sowie Arztpraxen und hochwertigen Gewerbeflächen. Das Gebäude unterliegt keinen Auflagen des Denkmalschutzes, ist aber aufgrund seiner exponierten Lage und Bauweise ein wichtiger Zeitzeuge der deutschen Nachkriegsmoderne.

Das Gebäude verfügt über eine Ladengalerie und steht direkt an den Fahrbahnen der genannten Straßen. Charakteristisch sind die für heutige Verhältnisse geringen Geschosshöhen um die 2,80 m. Ursprünglich verfügte das Gebäude über ein umlaufendes Flugdach im Attikabereich, welches zu Beginn der Sanierung nicht mehr existierte. Die vorhandene Natursteinfassade wurde mit großformatigen Kalksteinplatten im Mörtel-bettverfahren direkt auf den Untergrund (Stahlbetonskelett, aufgemauerte Brüstungen) aufgebracht. Da einige Platten bereits abgängig waren, wurden im Erdgeschoss ein temporärer Schutzbau angeordnet. Die Metall-Fenster aus unterschiedlichen Epochen wiesen massive Undichtigkeiten auf. Die Fenster zur Straßenseite waren aus Schallschutzgründen teilweise als Kastenfenster ausgeführt worden.

Die genannten Mängel und Schäden sowie der Wunsch nach einer grundlegenden Revitalisierung führten zu einem umfassenden Sanierungskonzept mit tiefgreifenden Maßnahmen. Verbunden mit der Sanierung sollte das Gebäude zudem um ein Geschoss aufgestockt werden. Die Arbeiten sollten bei laufendem Betrieb stattfinden, da einige Mieter im Gebäude verblieben.

Das Gebäude wurde teilweise entkernt und um ein Staffelgeschoss ergänzt. Die Substanz des Rohbaus macht es erforderlich, für die Aufstockung ein möglichst gewichtssparendes Tragwerk zu entwickeln. Das oberste Geschoss wurde dazu zurückgebaut und zwei Geschosse in Stahlbauweise aufgesetzt. Die Fassaden wurden vollständig erneuert. In der mit Naturstein verkleideten Lochfassade wurden dezentrale Lüftungselemente integriert, über die eine Belüftung der Innenräume erfolgte. Gleichzeitig verlaufen in der neuen Fassadenebene geschossweise sämtliche Versorgungsleitungen der neuen Haustechnik. Das gewählte Konzept sorgt für eine erhebliche Reduzierung des Energiebedarfs und ermöglicht eine sehr flexible Innenraumorganisation in den einzelnen Mietetagen. Besonderes Merkmal der neu entstehenden Konferenzräume im Staffelgeschoss sind zwei Panoramafenster, die den Blick zum Opernplatz ermöglichen.

Die neuen Fenster erhielten zur Straßenseite eine Schallschutzverglasung und eine leichte Sonnenschutzbeschichtung. Das Fensterfeld wurde zweiteilig ausgeführt, neben der Festverglasung wurde ein schmaler Lüftungsflügel angeordnet, dem eine Prallscheibe vorgelagert wurde. Von innen sorgt ein hocheffizienter Sonnenschutz als Textilscreen für eine deutliche Reduzierung der Kühllasten. Die Gebäudeecke wurde im obersten Geschoss mit einem zweischaligen Panoramafenster ausgeführt.

Eine Besonderheit stellt die Integration der haustechnischen Versorgung in der neuen Fassadenkonstruktion dar. Da aufgrund der geringen Geschosshöhen eine Führung von Lüftungs-, Kälte- und Heizleitungen in der Decken- bzw. Bodenebene nicht möglich war, wurden in die Fassadenebene dezentrale Lüftungsgeräte integriert und die Leitungsführung geschossweise über die Fassadenebene vorgesehen. Die Führung des 4-Leitersystems mit Vor- und Rücklauf für den Heiz- und Kühlkreis erfolgt nun im Brüstungsbereich vor der Rohbauebene. Bauphysikalisch wurde der Aufbau so gelöst, dass das Leitersystem durchgängig innenseitig der inneren Abdichtungsebene sowie der Dämmebene verläuft. So ist eine durchgängige Revisionierbarkeit von der Innenseite möglich und Durchdringungspunkte ausgeschlossen. Die neue Fassadenkonstruktion wurde vollständig vor der Rohbaukante des Bestandes sowie vor der Stahlkonstruktion in den beiden oberen Geschossen angeordnet. Das dezentrale Lüftungssystem ist als Kaskadenlüftung konzipiert. Die dezentralen Zuluftgeräte sitzen mit Heiz-Kühlfunktion in jeder Fenster-Achse im Brüstungsbereich. Die gleichen Geräte sind in jeder zweiten Achse im Umluft-Modus. Die Luft strömt über die Flure ab und wird über eine Wärmerückgewinnung mit Wärmepumpe geführt. Die schallgedämpfte Ausführung der Luftansaugung im Brüstungsbereich erfolgt über versteckte Schlitze in der Natursteinbekleidung.

Als Reminiszenz an das nicht mehr vorhandene Flugdach wurde ein ähnliches in Leichtbauweise wieder rekonstruiert. Es besteht aus einer Stahlträgerkonstruktion, die auskragt und thermisch entkoppelt am Stahlbau der Aufstockung befestigt ist. Das außerhalb der thermischen Hülle liegende Bauteil wurde mit feuchtebeständigen Zementfaserplatten verkleidet, der Hohlraum ist schwach belüftet, eine mögliche Kondensatbildung wird durch Flies an den Stahlbauteilen verhindert.

Bild 3-4 Gebäude Neue Mainzer Straße 84 / Frankfurt am Main: vor der Sanierung, oben (Foto: © osd) und nach der Sanierung, unten (Foto: © Philipp Kohler / osd).

Innovative Umwelttechnologien für die Giraffen – Sanierung des Giraffenhauses im Schönbrunner Tiergarten

Vanessa Sonnleitner[1], Ing. Claudia Paul[2]

1 ertex solartechnik GmbH, Peter-Mitterhofer-Str. 4, A-3300 Amstetten, Österreich

2 Burghauptmannschaft Österreich, Hofburg - Schweizerhof, A-1010 Wien, Österreich

Das historische Giraffenhaus wurde im Jahr 1828 im Ambiente des Schönbrunner Tiergartens errichtet und steht heute unter Denkmalschutz. Wie bei anderen in schönbrunnergelb gehaltenen Gebäuden auch, stellte dies bei der Überlegung zur Sanierung die Planer und Bauherren vor einige Herausforderungen. Jeder Eingriff bei einer Sanierung beziehungsweise bei einem Um- oder Zubau musste unter Berücksichtigung denkmalpflegerischer Grundsätze erfolgen.

Im Zeitraum von zwei Jahren sollte ein neues, modernes und vor allem vergrößertes Reich für die Giraffen des Tiergartens Schönbrunn geschaffen werden, ohne genau diese Grundsätze zu brechen. Bei dem Umbau kamen zwei für den Tiergarten neue und äußerst innovative Technologien zum Einsatz, um die Umwelt mit dem Bau zusätzlich zu entlasten. Unter kontinuierlicher Abstimmung mit den für Denkmalschutz zuständigen Behörden wurde der gesamte (Um-)Bau bis ins kleinste Detail geplant und laufend Rücksprache gehalten. Das Giraffenhaus, sowie zwei weitere umliegende Gebäude, konnten im Zuge des zweijährigen Bauvorhabens so, dem Denkmalschutz entsprechend, renoviert, saniert und teilweise neu gebaut werden.

Schlagwörter: Tiergarten Schönbrunn, Photovoltaik, Wintergarten, Giraffen, erneuerbare Energien, CO_2 Reduktion

1 Allgemeines

Tiergarten Schönbrunn, 1828. Die erste Giraffe kam als Geschenk des ägyptischen Königs an den österreichischen Kaiser nach Wien – aus dieser Zeit stammt auch das Giraffenhaus im Schönbrunner Tiergarten. Anno dazumal wurde das Giraffenhaus noch anderwärtig beheizt und zwar indem ein Kuhstall an das Giraffengehege angebaut wurde. Die Kühe im Stall sorgten zum einen für Milch als Nahrung für das Jungtier und dienten außerdem über ihre „natürliche Wärme" als Heizung für die Giraffe. [1]

Für eine zeitgemäße Giraffenhaltung musste das bestehende historische Gebäude saniert und die Anlage vergrößert werden.

Wie die meisten im klassischen schönbrunnergelb gehaltenen Bauten im Tiergarten steht allerdings auch das Giraffenhaus unter Denkmalschutz. Deswegen war die Abstimmung mit dem Bundesdenkmalamt vorab für die Definition der Vorgaben für dieses Projekt essentiell. Über die gesamte Planungs- und teilweise auch während der Bauphase wurde der Kontakt mit dem Bundesdenkmalamt gehalten, da auch zwei andere Gebäude – die Fasanerie und das Sumpfvogelhaus – im Zuge dieses Umbaus betroffen waren. Diese beiden Gebäude mussten allerdings aufgrund des schlechten Zustandes der Bausubstanz abgerissen und originalgetreu wiederaufgebaut werden.

Die Einbindung des Bundesdenkmalamtes erfolgte bereits ab der Vorentwurfsphase, so wurde auch der Abriss der oben erwähnten Nachkriegsgebäude bewilligt und die originalgetreue Wiedererrichtung beschlossen. Bauhistorische Untersuchungen wurden vorgeschrieben, alle Materialien bemustert und die Standorte der PV-Anlage und der thermischen Anlage auf dem Besuchergang wurden mit Holzattrappen simuliert.

Eine der wichtigsten Vorgaben seitens des Bundesdenkmalamtes zum Projekt war, dass der neue Wintergarten vom zentralen Kaiserpavillon aus nicht sichtbar ist, damit das Erscheinungsbild des historischen Rondeaus unverändert bleibt.

Beim Giraffenhaus wurden sämtliche Zubauten aus den 1980er Jahren entfernt und das Hauptgebäude ausgehöhlt. An der Rückseite des Bestandsobjektes wurde dann ein wintergartenähnlicher Zubau errichtet und die großzügige Außenanlage angeschlossen. Auf insgesamt etwa 1.770 m², die den Giraffen insgesamt nun zur Verfügung stehen, finden sich Wiesenbereiche, eine Wasserstelle, Sandplätze und mehrere Futterstellen, wodurch es den Giraffen an nichts fehlt. Allein die Innenanlagen für die Tiere sind mit einer Fläche von 440 m² jetzt mehr als drei Mal so groß wie die ehemals vorhandenen.

Der große und lichtdurchflutete Wintergarten bietet den Giraffen nun auch in der kalten Jahreszeit mehr Bewegungsraum und ist das Kernstück der neuen Giraffenanlage.

Die Gesamtinvestitionskosten für den Um- und Zubau der Giraffenanlage betrugen rund 7 Millionen Euro netto, der Großteil – 5,1 Millionen – wurde vom Eigentümer (BMDW vertreten durch die Burghauptmannschaft Österreich) aufgebracht, 1,9 Millionen wurden von der Schönbrunner Tiergarten GmbH übernommen.

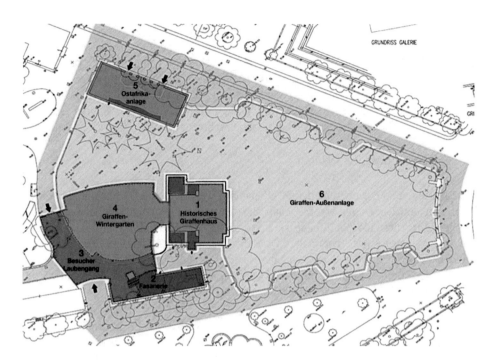

Bild 1-1 Grundrissplan der gesamten Giraffenanlage [Arch. DI Peter Hartmann].

Tabelle 1-1 Historie Grundrissplan Giraffenanlage.

Nummer	Bezeichnung
1	Historisches Giraffenhaus
2	Fasanerie
3	Besucher-Laubengang
4	Giraffen-Wintergarten
5	Ehem. Sumpfvogelhaus / neu: Ostafrikaanlage
6	Außenanlage

Mit Anfang 2015 konnte mit dem etwa 2 Jahre dauernden Umbau der Anlage begonnen werden. Die Eröffnung der neuen Anlage erfolgte dann in feierlichem Rahmen im Mai 2017.

Über den Zeitraum des Umbaus wurden die Giraffendamen Carla und Rita, der alte Giraffenbulle Kimbar und das Jungtier Lubango in einem Übergangsgehege untergebracht. Die Stallungen befinden sich auf Schönbrunner Boden und der Außenbereich des Geheges befindet sich auf einer Wiese der direkt angrenzenden Maria-Theresien Kaserne.

Durch die dadurch sehr kurz ausfallenden Transportwege von lediglich etwa 5 Fahrminuten, konnten die Strapazen für die Tiere verhältnismäßig gering gehalten werden. Die Giraffen können außerdem durch die örtliche Nähe weiterhin von den für sie gewohnten Pflegern betreut werden. So kann der zusätzliche potenzielle Stressfaktor fremder Betreuer in einer fremden Umgebung bereits vorab reduziert werden. Außerdem bemerkt die Tiergartendirektorin Dagmar Schratter in einem Interview, dass „sich die Giraffen dort sehr wohl fühlen und sicher die am besten beschützten Giraffen überhaupt sind."

2   Ein gemeinsames Projekt

Die Sanierung und Erweiterung der Giraffenanlage wurde von der Burghauptmannschaft Österreich und der Betreibergesellschaft Schönbrunner Tiergarten GmbH gemeinsam durchgeführt. Diese Kooperation beschränkt sich aber nicht nur auf Bauangelegenheiten: Auf Grundlage gleicher Ansprüche, Werte und gemeinsamer Ziele im Umweltbereich konnten schon viele Projekte im Sinne der Nachhaltigkeit und Energieeffizienz verwirklicht werden. Beide Organisationen sind langjährige Teilnehmer am ÖkoBusinessPlan der Stadt Wien und nach EN ISO 14001 zertifiziert.

Das gemeinsame Interesse an nachhaltigen und energieeffizienten Lösungen ließ auch für die Giraffenanlage neue Ansätze finden. So konnte das Ziel eines energieeffizienten Betriebs der neuen Giraffenanlage durch den Einsatz innovativer Technologien erreicht werden.

Bild 2-1 Giraffenhaus im typischen Schönbrunner Gelb mit Wintergarten-Zubau (Foto: © Franz Zwickl).

Die Vorgaben von Denkmalschutz und Tierhaltung lassen für energieeinsparende Maßnahmen manchmal nur wenig Spielraum. Bei allen Neu- und Umbauten im Tiergarten wird aber auf energieeffiziente Ausführung besonders Wert gelegt. Eine gute Wärmedämmung und die Verwendung von LED Lampen für die Beleuchtung sind zum Beispiel im gesamten Tiergarten mittlerweile Standard und wurden auch bei diesem Projekt realisiert. Doch auch weitere Maßnahmen kamen nach detaillierter Planung für den Bau der Giraffenanlage unter Abstimmung mit dem Denkmalsschutz in Frage.

3   Die Umwelttechnologien

Der neue Wintergarten für die Giraffen, der gesamt als Bau ein Glashaus ist, ermöglichte zwei, für den Tiergarten innovative, Maßnahmen zu setzen:
Die Nutzung erneuerbarer Energie durch in das Dach des Glashauses integrierte Photovoltaik und die Zwischenspeicherung von Wärmeenergie in einem Schotterspeicher. Zusätzlich wurden auf dem Flachdach des Besucherganges Standard-Photovoltaik-Paneele und Kollektoren für die Warmwasserbereitung installiert.

3.1   Dachintegrierte Photovoltaik – Ein Spiel von Licht und Schatten

Stromproduktion, Abschattung und Design in Kombination: Die Integration von Photovoltaik in Verbundsicherheitsglas durch den niederösterreichischen Photovoltaik Produzenten ertex solar lässt eine einmalige, multifunktionelle Energiesparsymbiose entstehen.

Der Wintergarten ist eine Stahl-/Glaskonstruktion. Dabei wird das komplett verglaste Dach von einem Unterbau getragen, der einer stilisierten Schirmakazie nachempfunden ist. Der Grund für den Bau in der Optik dieses Baumes ist, dass jener typisch im Lebensraum der Giraffen ist. Nach oben verzweigt sich der Stamm in die insgesamt etwa 237 m² Glasflächen, in der die Photovoltaikzellen verteilt sind.

Mit einer Größe von 125 x 125 mm können diese Solarzellen dem architektonischen Gestaltungskonzept folgend, von ertex solar beliebig in den Glasflächen angeordnet werden. Mit einer Spanne von 2 bis 63 Photovoltaik-Zellen je Modul ergibt sich ein variabler Transparenzgrad zwischen 41 und 91 %. So lässt sich das Blätterdach der Schirmakazie simulieren – mit Durchblick zum (echten) Himmel. Allerdings ist es nicht nur der optische Effekt der Zellen, sondern sind es auch zwei wesentliche Funktionen, die die Solarzellen mit Blättern gemein haben: Sie nutzen die Kraft der Sonne.

Bild 3-1 Die im Dach integrierte Photovoltaik Anlage simuliert optisch eine Schirmakazie (Foto: © Franz Zwickl).

In diesem Falle sogar rund 16 kWp und zudem spenden sie Schatten, der auch den Boden lebendig strukturiert.

Die dezente Verschattung durch die Photovoltaikzellen sorgt außerdem für etwas geringere thermische Spitzen im Inneren des Gebäudes, was vor allem an sehr sonnigen Tagen wiederum den Energieverbrauch senkt.

Rein über die im Dach integrierte Photovoltaik Anlage stehen so bereits 16 kWp, also rund 16.000 kWh Strom, zur Verfügung. Gemeinsam mit den Standard-Paneelen am Besuchereingang werden insgesamt 20 kWp mithilfe der Photovoltaik-Anlagen erbracht.

Damit können 18.000 – 20.000 kWh Strom pro Jahr produziert werden. Bei einem geschätzten Stromverbrauch für das Haus von 18.700 kWh jährlich, kann dieser über die Photovoltaikanlagen selbst erzeugt werden. Jener Anteil der erzeugten Energie, der nicht direkt von der Anlage verbraucht wird, wird allerdings nicht ins öffentliche Netz eingespeist, sondern wird jede erzeugte kWh auch vom Tiergarten selbst verbraucht.

Tabelle 3-1   Geschätzter Stromverbrauch Giraffenanlage.

Verbraucher	Stromverbrauch [kWh]
Beleuchtung im Tierbereich	6.300
Beleuchtung in den Besucherbereichen	1.079
Beleuchtung für die Tierpfleger	411
Heizungspumpen	1.440
Lüftungsanlage	7.796
Zwischensumme	17.026
10 % Aufschlag für sonstige wie Lift, Torantriebe, Reinigung und Co.	
Geschätzter Gesamtverbrauch	18.700

Die Planung der Photovoltaik war in vielerlei Hinsicht herausfordernd. Optisch sollte die dachintegrierte Photovoltaik ein Blätterdach imitieren. Auf das Dach des Besucherganges, der ebenfalls an das historische Gebäude neu angebaut wurde, sollten vor allem Elemente mit möglichst niedrigem Preis und hohem Ertrag angebracht werden, hier war die Optik an sich kein gravierendes Problem.

Bei beiden Anlagen lag allerdings wie in Kapitel 1 „Allgemeines" bereits erwähnt, die hauptsächliche Herausforderung in der Planung der Photovoltaik in Bezug auf den Denkmalschutz. Demnach durfte das Bild des historischen Rondeaus nicht gestört werden und vom Kaiserpavillon aus durften die Anlagen nicht einsehbar sein. Alle Anforderungen konnten jedoch vom Architekten und den Planern zu vollster Zufriedenheit der Behörde geplant und in weiterer Folge den Auflagen entsprechend umgesetzt werden.

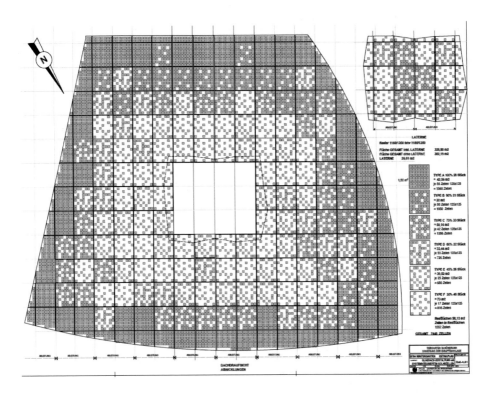

Bild 3-2 Verlegeplan von © Arch. DI Peter Hartmann - Über die außergewöhnliche Anordnung der Zellen kann das Blätterdach einer Schirmakazie simuliert werden.

Der Giraffenbulle Kimbar ist mit 25 Jahren das älteste Männchen im gesamten Europäischen Erhaltungszuchtprogramm (EEP) und somit bereits hochbetagt. Deswegen sollten ihm die Strapazen eines erneuten Umzugs und einer erneuten Umgewöhnungsphase erspart bleiben. Der bejahrte Bulle Kimbar und seine Giraffendamen Carla und Rita haben sich im ursprünglichen Ausweich-Zuhause, das sie seit nun mehr als drei Jahren bewohnen eingelebt, weswegen sie auch weiterhin dortbleiben dürfen. [2]

Der Jungbulle Lubango, Sohn von Kimbar und Rita, war im Frühling 2016 bereits drei Jahre alt und somit erwachsen – um Rivalitäten zwischen Vater und Sohn zu vermeiden durfte Lubango in einen Zoo von Neapel übersiedeln. [3]

In das neue Giraffenhaus durften nun zwei Neuankömmlinge in Schönbrunn einziehen. Die beiden zweijährigen Netzgiraffen-Damen Fleur und Sofie sind Halbschwestern und konnten den Umzug aus ihrem Heimatzoo in Rotterdam gemeinsam ohne weiteres bestreiten.

Bild 3-3 Die beiden Junggiraffen-Damen Fleur (vorne im Bild) und Sofie (hinten im Bild) fühlen sich sichtlich wohl unter ihrem "PV-Blätterdach" (Foto: © Franz Zwickl).

3.2 Der Schotterspeicher – Nichts als Heiße Luft?

Im Grunde stimmt das. Genau so funktioniert ein Schotterspeicher und genau dieses Konzept erweist sich zudem als äußerst effektiv. Der luftdurchströmte Schotterkörper fungiert als Wärmespeicher und ist unter dem neuen Wintergarten der Giraffen angebracht. Wirtschaftlich sinnvoll ist in diesem Fall nur die Nutzung als „Tagesspeicher", in dem die Wärme eines Tages für die nächste Nacht zwischengespeichert wird.

Der Schotterspeicher speichert also die „Heiße Luft" des Tages und wandelt sie zu Wärme in der Nacht um. Zwar sorgt die teilweise Abschattung der dachintegrierten Photovoltaik-Zellen für eine leichte Minderung der Überhitzungsproblematik, zu der es in einem Glashaus, wie es auch der Wintergarten der Giraffen ist, kommt.

Dennoch entstehen an sehr sonnigen Tagen deutliche thermische Spitzen. Dieses Problem wird über den Schotterspeicher weiter entschärft und vor allem in den Übergangszeiten kann in dieser Kombination ca. 30 % des Energiebedarfs des Wintergartens abgedeckt werden. Die Speicherkapazität des Schotterkoffers wird je nach Berechnungsansatz zwischen 17.190 und 20.500 kWh geschätzt.

Der Schotterspeicher in der Größe von 62 m³ wurde unter der Bodenplatte des Wintergartens eingebaut. Als Füllmaterial wurden ca. 122 t Schotter (Marmorbruch mit Korngröße 63/150) eingebracht. Zur Luftverteilung wurden handelsübliche Dränage-Elemente verwendet.

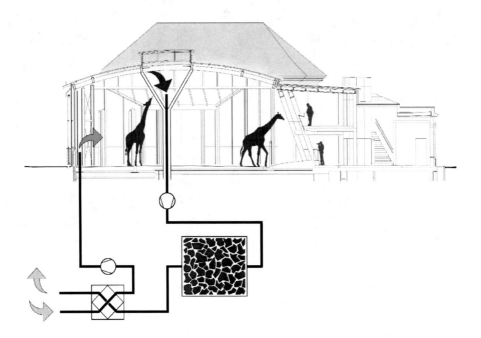

Bild 3-4 Laden des Schotterspeichers (Quelle: © Tiergarten Schönbrunn).

Das Laden des Schotterspeichers erfolgt, indem warme Luft aus dem oberen Bereich des Wintergartens abgesaugt und durch den Schotterkörper geführt wird. Dadurch werden die Steine im Speicher aufgewärmt.

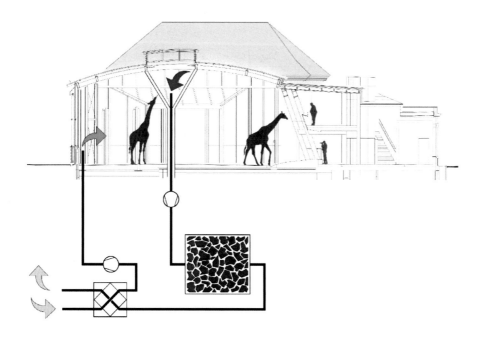

Bild 3-5 Entladen des Schotterspeichers (Quelle: © Tiergarten Schönbrunn).

Bei Heizbedarf wird die kühlere Luft abgesaugt und über die warmen Steine geführt, wodurch die Luft erwärmt wird. Über einen Wärmetauscher wird so die frische Außenluft aufgewärmt.

Aus hygienischen Gründen wird immer nur die Abluft und nie die Zuluft über den Schotterspeicher geführt.

3.3   Ein Resümee – Aus Liebe zur Umwelt

Mithilfe der Photovoltaik Anlagen können etwa 18.000 kWh/a Strom erzeugt werden und durch den Schotterspeicher als Pufferspeicher können bei der Beheizung des Wintergartens etwa 17.000 kWh Heizenergie (Fernwärme) eingespart werden.

Durch den Einsatz der innovativen technischen Maßnahmen werden somit in etwa 8.287 kg CO_2 pro Jahr beim Betrieb der neuen Giraffenanlage eingespart. (Dieses CO_2 Äquivalent wurde mit dem CO_2 Rechner des Umweltbundesamtes berechnet. [4])

Tabelle 3-2 CO_2 Einsparungspotenzial.

18.000 kWh Strom	5.040 kg CO_2
17.000 kWh Fernwärme	3.247 kg CO_2
Summe jährliche CO_2 Einsparung	8.287 kg CO_2

Dank des Umweltgedankens, der vom Dach bis zum Keller von Anfang an durchgezogen wurde, konnte das Giraffenhaus im Schönbrunner Tiergarten bereits vor Bauabschluss seinen ersten Preis ergattern: den Wiener Umweltpreis 2016. Auch Euro-solar Austria verlieh 2016 den Österreichischen Solarpreis für Solares Bauen an die Burghauptmannschaft Österreich für die innovativen Umwelttechnologien in der neuen Giraffenanlage.

Zudem konnte auch beim 1. Innovationsaward für bauwerksintegrierte Photovoltaik 2018 das energetische Konzept des Gebäudes begeistern und wurde so in der Kategorie Neubau für den Innovationsaward nominiert und konnte nur knapp keinen der drei Kristallwürfel einholen.

4   Literatur

[1]   Tiergarten Schönbrunn, Spatenstich für Giraffenpark, 06. Mai 2015, verfügbar unter: https://www.zoovienna.at/news/spatenstich-fur-giraffenpark/, am 14.06.2018.

[2]   Tiergarten Schönbrunn, Giraffenpark ist eröffnet, 10. Mai 2017, verfügbar unter: https://www.zoovienna.at/news/giraffenpark-ist-eroffnet/, am 14.06.2018.

[3]   Tiergarten Schönbrunn, Giraffe Lubango nach Neapel übersiedelt, 31. März 2016, verfügbar unter: https://www.zoovienna.at/news/giraffe-lubango-nach-neapel-u-bersiedelt/, am 14.06.2018.

[4]   Umweltbundesamt Österreich, „Berechnung von Treibhausgas (THG)-Emissionen verschiedener Energieträger", Datenstand Oktober 2017, verfügbar unter: http://www5.umweltbundesamt.at/emas/co2mon/co2mon.html, am 14.06.2018.

U-Wert und Schimmelmessung – Potentiale und technische Realisierbarkeit bei der Sanierung von denkmalgeschützten Bauten

Dr. Lukas Durrer[1], Dr. Holger Hendrichs[1]

1 greenTEG AG, Technoparkstraße 1, 8005 Zürich, Schweiz

Im Rahmen dieser Fallstudien wurden U-Wert und a_w-Wert Messungen an einem denkmalgeschützten Haus in der Schweiz durchgeführt. Ziel war es, die für eine Sanierung erforderliche Mindestdämmung zu bestimmen und den Keller des Hauses auf die Gefahr von Schimmelbildung zu untersuchen. Alle dafür erforderlichen Messungen wurden mit dem gO Mess-System von greenTEG und einer Wärmebildkamera gemacht.

Schlagwörter: U-Wert Messung, Denkmal, Sanierung, Schimmelgefahr, Feuchtemessung

1   Einleitung

Bei der Sanierung von denkmalgeschützten Altbauten gilt es, einige Aspekte zu berücksichtigen. Darunter fällt beispielsweise die Gewährung von Fördermitteln, welche in der Schweiz kantonal geregelt ist und die Einhaltung einer Mindestdämmung vorsieht. Bei der Planung der Dämmung erschweren dann wiederum regulatorische Fragestellungen die Durchführung, weil die Fassade in vielen Fällen nicht verändert werden darf. Dies hat zur Folge, dass auf eine Innendämmung zurückgegriffen werden muss. Um eine Überdimensionierung und eine damit verbundene unnötig hohe Reduktion der Wohnfläche zu vermeiden, ist eine U-Wert Messung oftmals der einzig zielführende Weg, weil diese eine genaue Bestimmung des U-Wertes ermöglicht. Weiter sollte die Problematik von zu hoher Feuchtigkeit und das damit verbundene Risiko von Schimmelbildung gerade bei älteren Gebäuden gut analysiert werden. Die Gründe dafür können vielseitig sein und sowohl mit mangelnder Isolation (bspw. aufgrund von Wärmebrücken) als auch mit Wasser-/Feuchtigkeitseintritt durch Gebäudeelemente zusammenhängen.

Im vorliegenden Fall handelt es sich um ein Herrenhaus aus dem 16. Jahrhundert in Schwyz (Schweiz), welches vom Besitzer eigenhändig restauriert wird, um die Räumlichkeiten in Zukunft für Veranstaltungen vermieten zu können. [1] Dabei kamen die folgenden Fragestellungen auf:

–   Könnte man die vorgeschlagene Dämmdicke von 16 cm Schafwolle (Empfehlung des Experten) an der Innenwand vermindern (reduzierte Innendämmung).
–   Darf der Keller als Lager für Möbel etc. verwendet werden, ohne dass die Gefahr von Schimmelbildung besteht?

Für eine genaue quantitative Beurteilung der Lage wurden am Gebäude mehrere Messungen mit dem gO Mess-System von greenTEG gemacht. Zum einen wurde der U-Wert einer Wand vor der Sanierung und einer Wand nach dessen Sanierung ermittelt. Um die Kellerräumlichkeiten auf Schimmelbildung zu analysieren, wurde die Luftfeuchtigkeit und die Entwicklung des Taupunktes auf der Wand (a_w-Wert) über einen längeren Zeitraum erfasst.

2 Objektbeschrieb

Bild 2-1 Luftaufnahme des Anwesens aus dem 16. Jh. mit dem Herrenhaus in der Mitte.

Das Objekt, an dem die Messungen stattfanden, ist ein Herrenhaus (ersichtlich in Abbildung 2-1) welches im Jahre 1580 erbaut wurde und ein typischer Riegelbau ist. Erste An- und Umbauten fanden im Jahre 1671 statt, worunter die Konstruktion eines Erkers, der Bau des Dachgiebels und die Errichtung einer Hofmauer fielen. 1687 wurde dann zusätzlich noch eine Kapelle auf dem Anwesen errichtet und 1710 ein Festsaal im Gebäude erbaut. Nach diversen Besitzerwechseln ist das Anwesen nun seit 1947 im Besitz der Familie Weber. Gut 300 Jahre nach den letzten Umbauten renovierte Thomas Weber 2017 das komplette Anwesen. Die Renovation beinhaltete eine Vielzahl von Arbeiten wie die Sanierung von Fassade, Dach oder der Hofmauer, aber auch die Instandsetzung von Böden oder der Kapelle. In dieser kurzen Fallstudie liegt der Fokus auf der Sanierung der Fassade, wofür die Wärmedämmung der Wand dimensioniert werden musste, und der

Beurteilung der Feuchtigkeitslage (d.h. Potential für Schimmelbildung) in den Kellerräumlichkeiten.

3   Messgerät und Messaufbau

Das gO Mess-System ist ein kabelloses Mess-System, welches von der Schweizer Firma
greenTEG entwickelt wurde. Es besteht aus einer Basisstation, welche die Messdaten von
bis zu 16 Messknoten via LoRa (868MHz Signal, speziell geeignet für den Gebäudebereich) empfängt. Diese werden über das Mobilfunknetz(2G/3G) in die Cloud (Microsoft
Azure Hosting) gesendet. Von dort lassen sich alle Daten bequem überwachen und aus-
werten. Dabei bietet insbesondere die Multikanal Möglichkeit den Vorteil, dass mehrere
Messungen mit nur einem System parallel durchgeführt werden können. Dies vereinfacht
die Installation der Messgeräte und die Auswertung aller Messdaten. Für das System werden drei verschiedene Messknotentypen angeboten. Je nach Typ kann so Umgebungs-
temperatur, Wandtemperatur, Luftfeuchtigkeit und/oder Wärmefluss gemessen werden.
Die genauen Spezifikationen der verschiedenen Messknoten sind in Tabelle 3-1 ersichtlich. Je nach Kombination der Messknoten kann aus den Messdaten der U-Wert (nach
ISO 9869) und der a_w-Wert errechnet werden. Mehr Informationen zum gO Mess-System
sind verfügbar unter [2].

Tabelle 3-1   Übersicht über die verschiedenen Messknoten vom gO Mess-System.

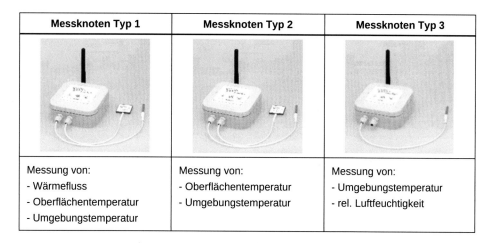

Messknoten Typ 1	Messknoten Typ 2	Messknoten Typ 3
Messung von: - Wärmefluss - Oberflächentemperatur - Umgebungstemperatur	Messung von: - Oberflächentemperatur - Umgebungstemperatur	Messung von: - Umgebungstemperatur - rel. Luftfeuchtigkeit

Wie bereits zuvor beschrieben, wurden am Gebäude die U-Werte an einer gedämmten
und einer nicht gedämmten Wand, als auch Feuchtigkeit und Taupunkt im Keller gemessen. Für die U-Wert Messungen wurde je ein Messknoten vom Typ 1 innen an der Wand
angebracht, um Wärmefluss und Innentemperatur zu erfassen. Weiter wurde ein Messknoten vom Typ 2 außen installiert, der die Außentemperatur (Oberfläche/Außenluft)
über die Messperiode erfasste. Alle drei Messknoten sind in Abbildung 3-1 ersichtlich.

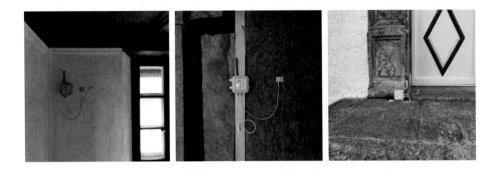

Bild 3-1   Messknoten vom Typ 1 an der ungedämmten Wand (links), Messknoten vom Typ 1 an der gedämmten Wand (mitte) und Messknoten vom Typ 2 außen (rechts).

Im Keller wurde die relative Luftfeuchtigkeit und der a_w-Wert in zwei unterschiedlichen Räumlichkeiten gemessen. Dafür wurde jeweils ein Messknoten vom Typ 3 für die Messung der relativen Luftfeuchtigkeit in der Mitte des Raumes und ein Messknoten vom Typ 2 zur Messung der Oberflächentemperatur an einer kritischen Stelle an der Wand installiert. Die vier Messknoten sind in Abbildung 3-2 ersichtlich.

Bild 3-2   Messknoten vom Typ 3 zur Messung der relativen Luftfeuchte (links oben/unten) und Messknoten vom Typ 2 zur Messung der Wandtemperatur (rechts oben/unten).

4   Messresultate

4.1   U-Werte Messungen

Vorbereitend für die U-Wert Messungen wurden die zu vermessenden Wände mit einer Wärmebildkamera analysiert, um sicherzustellen, dass der U-Wert an einem möglichst repräsentativen, homogenen Wandabschnitt gemessen wird.

Die U-Wert Messung an der nicht isolierten Wand fanden zwischen dem 10.02.2018 und 13.02.2018 statt. Die Messergebnisse sind in Abbildung 4-1 ersichtlich. Die meteorologischen Bedingungen waren während der Messperiode sehr konstant und mit einer konstanten Temperaturdifferenz von ca. 20 °C ideal für eine U-Wert Messung. Der gemessene U-Wert liegt bei 0,77 W/(m^2·K), was besser als erwartet war.

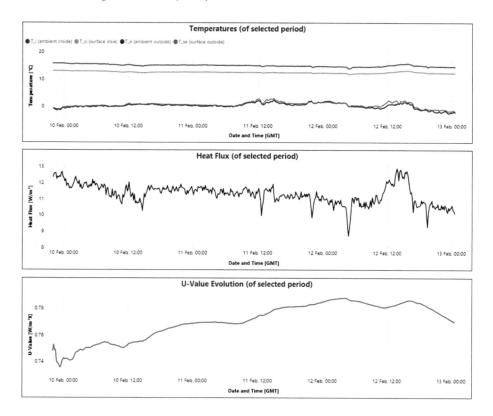

Bild 4-1   U-Werte: Messdaten der ungedämmten Wand.

Um die kantonalen Vorgaben für den Erhalt der Fördermittel zu erreichen, dürfen sanierte Wände einen maximalen U-Wert (U_{max}) von 0,3 W/(m²·K) aufweisen. Als Dämmmaterial wurde Schafwolle gewählt, welche einen λ-Wert von 0,04 W/(m·K) hat ($\lambda_{Schafwolle}$). Daraus lässt sich die erforderliche Dämmstärke ($d_{Schafwolle}$) wie folgt berechnen:

$$U_{max} = \cfrac{1}{\cfrac{1}{U_{Wand}} + \cfrac{d_{Schafwolle}}{\lambda_{Schafwolle}}}$$

$$d_{Schafwolle} = \left(\frac{1}{U_{max}} - \frac{1}{U_{Wand}}\right) \cdot \lambda_{Schafwolle} = \left(\frac{1}{0{,}3\frac{W}{m^2 \cdot K}} - \frac{1}{0{,}77\frac{W}{m^2 \cdot K}}\right) \cdot 0{,}04\frac{W}{m \cdot K} = 0{,}08\ m$$

Die geforderte Dämmstärke liegt für diese Wand also bei 8 cm, was deutlich unter den vom Experten empfohlenen 16 cm liegt.

Die Messungen an der Wand welche bei der laufenden Sanierung bereits mit rund 16 cm Schafwolle gedämmt wurde, fanden gleichzeitig statt wie die Messungen an der noch nicht gedämmten Wand. Es herrschten also die gleichen – idealen – Messbedingungen. Die Messresultate sind in Abbildung 4-2 ersichtlich. Der gemessene U-Wert lag bei 0,078 W/(m²·K). Er liegt somit deutlich unter dem berechneten U-Wert, der bei Verwendung der oben verwendeten Formel bei 0,19 W/(m²·K) liegen müsste. Der wahrscheinlichste Grund dafür ist, dass die ursprünglich ungedämmte Wand nicht den identischen Aufbau/Dicke hat wie die zuvor gemessene ungedämmte Wand, wodurch sie besser gedämmt ist.

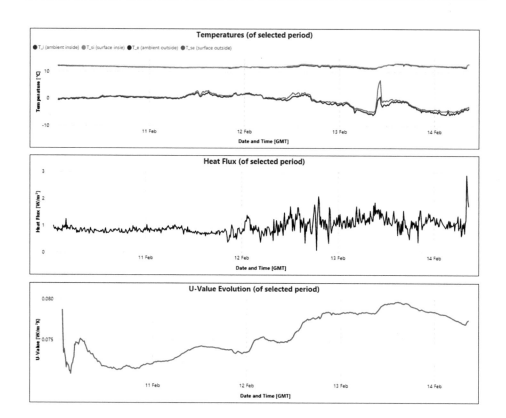

Bild 4-2 U-Werte Messungen der gedämmten Wand.

4.2 Feuchtigkeit und a_w-Wert Messungen

Um die Kellerräumlichkeiten auf das Risiko von Schimmelbildung zu prüfen, fanden in zwei verschiedenen Kellerräumen Feuchtigkeit- und a_w-Wert-Messungen statt. Beide Messungen fanden zwischen dem 08.02.2018 und 14.02.2018 statt.

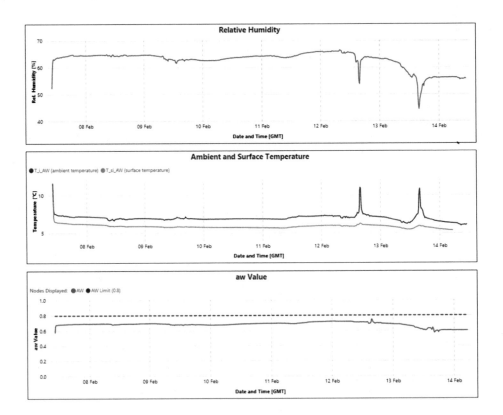

Bild 4-3 Messdaten von Kellerraum 1.

Die Messdaten von Kellerraum 1 (vgl. Abbildung 3-2 oben) können Abbildung 4-3 entnommen werden. Die relative Luftfeuchte lag über den gemessenen Zeitraum konstant bei ca. 65 %. Die Raumtemperatur lag bei ca. 7,5 °C und die Wandtemperatur bei ca. 6,5 °C. Der daraus errechnete a_w-Wert lag durchschnittlich bei ca. 0,7 und somit knapp unter der kritischen Grenze von 0,8.

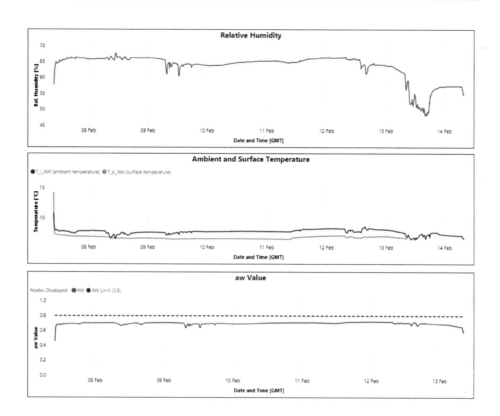

Bild 4-4 Messdaten von Kellerraum 2.

Die Messungen in Kellerraum 2 (vgl. Abbildung 3-2 unten) sind in Abbildung 4-4 ersichtlich. Es zeigte sich in etwa die gleiche Tendenz wie in Kellerraum 1. Die Luftfeuchtigkeit lag bei ca. 65 %, die Raumtemperatur bei ca. 7 °C und die Wandtemperatur bei ca.
6,5 °C. Der errechnete a_w-Wert schwankte ebenfalls um die 0,7.

Da in beiden Räumen die a_w-Werte nur knapp unter der kritischen Grenze liegen, kann
man grundsätzlich sagen, dass die Gefahr von Schimmelbildung besteht. Da in Altbauten
die Gefahr von Schimmelbildung im Sommer tendenziell noch höher sein kann, sollten
die Messungen im Sommer wiederholt werden. Zudem ist es aufgrund der Messresultate
ebenfalls sinnvoll, die Luftfeuchtigkeit in den Räumen regelmäßig zu überprüfen und gegebenenfalls einen Luftentfeuchter einzusetzen.

5   Schlussfolgerung

Im Rahmen dieser Fallstudie wurden U-Wert und a_w-Wert (Feuchtigkeit) Messungen an einem über 400 Jahre alten Gebäude durchgeführt. Ziel war es, die erforderliche Dämmung zu dimensionieren und die Kellerräumlichkeiten auf die Gefahr von Schimmelbildung zu untersuchen. Die Verwendung des gO Mess-Systems ermöglichte dabei eine genaue quantitative Beurteilung der Lage.

In der Fallstudie konnte gezeigt werden, wie schwierig es ist, die Isolationswirkung von Mauerwerk in alten Gebäuden einzuschätzen. Dies führte im vorliegenden Fall zu einer Überdimensionierung der Dämmung. Gerade bei denkmalgeschützten Bauten, wo in der Regel eine Innenisolation verwendet wird, führt dies neben hohen Kosten zu einer unnötig hohen Reduktion der Wohnfläche, welche bei einer genaueren Dimensionierung hätte vermieden werden können. Zudem zeigten die Messungen ebenfalls, dass die Wandaufbauten nicht immer homogen sein müssen. Daher werden idealerweise zuerst die verschiedenen Wände mittels thermografischer Aufnahmen miteinander verglichen. Danach kann bestimmt werden, von welchen Wänden der U-Wert zur Sanierungsplanung gemessen werden muss.

Die im Keller durchgeführten a_w-Wert Messungen waren hilfreich, um eine Aussage über die Gefahr von Schimmelbildung treffen zu können und somit dessen Eignung als Lager-/Archivraum zu beurteilen. Die Luftfeuchtigkeit war zwar nicht übermäßig hoch, doch durch die eher tiefen Temperaturen besteht dennoch ein gewisses Risiko von Schimmelbildung, weshalb es ratsam wäre, die Luftfeuchtigkeit in den Räumen regelmäßig zu überprüfen und einen Luftentfeuchter einzusetzen.

6   Literatur

[1]   Herrenhaus Immenfeld: https://www.immenfeld.com/

[2]   gO-Messsystem: https://www.greenteg.com/gO 20Mess-System/

Leitfaden für das nachhaltige Prozessmanagement bei energetischen Sanierungsmaßnamen in WEG-Mehrfamilienhäusern

M.Sc. Georgi Georgiev[1], B.Sc. Katharina Rupp[1], Prof. Dr.-Ing. Gunnar Grün[1]

1 Fraunhofer-Institut für Bauphysik IBP, Fraunhoferstr. 10, 83626 Valley, Deutschland

Die im vorliegenden Aufsatz beschriebenen Prozesssteuerungswerkzeuge und Entscheidungshilfsmittel für die ressourceneffiziente Sanierung zwecks energetischer und komforttechnischer Optimierung von Mehrfamilienwohngebäuden und unter anderem historisch und baukulturell wertvollen Bauten, die von Wohnungseigentümergemeinschaften betrieben werden, sind für ein breites Spektrum relevanter Beteiligter entwickelt: WEG-Verwalter, Verwaltungsbeiräte, Energieberater und Kümmerer.

Die Betrachtung von wirtschaftlichen, komforttechnischen, gesundheitlichen, baukonstruktiven, bauphysikalischen und umwelttechnischen Aspekten ist dabei von großer Bedeutung. Diese wurden bisher noch nicht in der hier vorliegenden interdisziplinären Form in der Praxis analysiert, was oft zu nicht zufriedenstellenden Ergebnissen der aktuellen EU- weiten Sanierungspraxis führt. Die Arbeit stützt auf Erfahrungsberichte aus dem aktuell EU- geförderten Projekt SMARTER TOGETHER in München.

In der vorliegenden Studie wurde zunächst Vorkommen, Relevanz und Potential der Sanierung von WEGs untersucht. Dieses ist enorm. Empirische Studien verschiedener Institute wurden untersucht, um die wichtigsten Faktoren, weswegen Sanierungen mit WEGs zu selten umgesetzt werden, und welche Faktoren zu einer Verbesserung führen können zu filtern und Lösungen zu finden. Es kristallisierten sich einige nicht veränderbare Rahmenbedingungen heraus, für die der Leitfaden grundsätzliche Handlungsempfehlungen gibt. Wichtiger sind jedoch die veränderbaren Rahmenbedingungen: Zu ihnen zählen Bauphysik und Nutzerkomfort, Wirtschaftlichkeit, Kommunikation und Prozessoptimierung. Diese Faktoren wurden näher untersucht. Hier können vielfältige und innovative Vorschläge nach ihrer Prüfung vermittelt werden.

Aus den gefundenen Optimierungsmöglichkeiten, aber auch dem nötigen Grundwissen über WEGs und den Sanierungsprozess, wurde als Ergebnis ein Leitfaden mit zugehöriger Broschüre erstellt. Letztere gibt einen Überblick über den Prozess, grundsätzliche Möglichkeiten und wertvolle Tipps.

Der Leitfaden ist für tiefer Interessierte gedacht, jedoch einfach gehalten, sodass er verschiedensten Stakeholdern, Architekten, Verwaltern, Sanierungsberatern und Sanierungsbeirat der WEG einen Überblick über die Sanierung mit WEGs geben kann, aber auch Lösungen für Details und ein anschauliches Praxisbeispiel.

Schlagwörter: Bestandsoptimierung, Wohneigentümergemeinschaften, Prozessoptimierung, Leitfaden, Energieeffizienz

© Springer Fachmedien Wiesbaden GmbH, ein Teil von Springer Nature 2018
B. Weller und L. Scheuring (Hrsg.), *Denkmal und Energie 2019*,
https://doi.org/10.1007/978-3-658-23637-3_5

1   Einleitung

Erklärtes Ziel der Europäischen Union ist die Reduktion von CO_2 und das Entgegenwirken des Klimawandels. Ziel ist dazu ein klimaneutraler Gebäudebestand bis 2050. Maßnahmen sind dabei die Senkung des Primärenergiebedarfs und die Energiebereitstellung durch regenerative Energien. Es wurde insbesondere festgestellt, dass besonderer Bedarf bei Gebäuden aus den Baujahren 1949-1978 besteht.

Der Anteil des Deutschen Endenergieverbrauchs liegt für Haushalte bei 26 %, davon wiederum fallen 69 % des Verbrauchs auf Raumwärme zurück. Der Anteil privater Haushalte am Deutschen Kohlenstoffdioxidausstoß beträgt durch Heizung 10,7 % [1].

Die aktuelle Sanierungsrate in Deutschland ist nur schwer zu ermitteln. Diefenbach & Clausnitzer gehen in einer Studie des Instituts für Wohnen und Umwelt in Zusammenarbeit mit dem Bremer Energie Institut davon aus, dass diese bei ca. 1 % liegt [2]. Somit wird das Deutschlandweite Ziel von 2 % verfehlt.

Das Einsparpotential durch die Sanierung von Wohngebäuden in WEGs ist enorm: Es stellte sich heraus, dass sich ca. 19 % aller Wohnungen in Deutschland in Wohnungseigentum befinden [3]. In überwiegender Mehrheit sind diese Mehrfamiliengebäude und das Baujahr vieler dieser Gebäude fällt in den kritischen Zeitraum des Baujahrs 1949-1978. Vor der ersten Wärmeschutzverordnung wurden meist einfache Baukonstruktionen gewählt, welche große Transmissionswärmeverluste zulassen. Diese Gebäude weisen durchschnittlich 208 kWh/m^2 Höchstwerte an Endenergiebedarf auf.

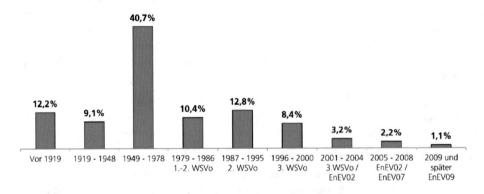

Bild 1-1   Baujahr der Wohneinheiten in WEGs (Quelle: Fraunhofer IBP).

In einer Studie des Instituts für Wohnungswesen, Immobilienwirtschaft, Stadt- und Regionalentwicklung von 2012 [4] zeigte sich, dass WEGs mit ca. 70 % an unsaniertem Bestand den größten Anteil unsanierter Wohnungen aufweisen.

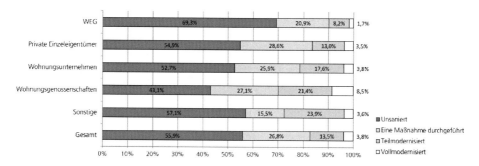

Bild 1-2 Sanierungszustand von Wohneinheiten nach Eigentumsform (Quelle: Fraunhofer IBP).

2   Auswertung von Studien, Rahmenbedingungen

Für die Lösungsvorschläge des Leitfadens wurden Ergebnisse verschiedener Studien genutzt. Dazu gehört eine Eigentümerumfrage des Vereins Wohnen im Eigentum e.V. von 2017, welche empirisch Erfahrungen mit Sanierungen von Wohnungseigentümern abfragt, eine Onlinebefragung des Dachverbands deutscher Immobilienverwalter (2016) an WEG-Verwalter, welche Treiber- und Hemmnisse aus deren Sicht abfragt, und eine umfangreiche Fallstudie und Befragung des Bundesinstituts für Bau-, Stadt- und Raumforschung [5]. In dieser Fallstudie wurden energetische und altersgerechte Sanierungen berücksichtigt. Sie ermittelt, wie Entscheidungsprozesse innerhalb der WEG ablaufen und welche Faktoren diese fördern oder hemmen.

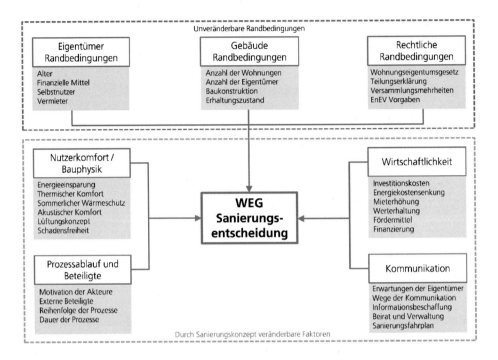

Bild 2-1 Einflüsse zu Sanierungsentscheidung auf Eigentümer (Quelle: Fraunhofer IBP).

Es wird schnell deutlich, dass Sanierungen mit WEGs vorneweg unter noch komplexeren Rahmenbedingungen stattfinden als Sanierungen im Privateigentum. Das Vorhaben bringt einige Rahmenbedingungen mit sich, die nicht veränderbar sind. Dazu gehört der rechtliche Rahmen der WEG, der durch das WEG festgelegt ist und in dem sich auch die Sanierung und die dafür notwendige Beschlussfassung der Maßnahmen sich abspielen. Auch Gebäudekonstruktion, Zustand, Größe und Eigentümeranzahl stehen fest. Hier kann lediglich eine Einteilung in Typen vorgenommen werden, um spezifische Faktoren für diese anzugeben. Ein weiterer feststehender Parameter besteht durch die Eigentümerstruktur. Sie ist oft sehr heterogen und unterscheidet sich in Bezug auf Alter, finanzielle Mittel und die Unterscheidung zwischen Selbstnutzenden Eigentümern und Mieter/Vermieterverhältnissen.

	Umfrage W.i.E	Studie BBSR
Werterhaltung	86%	67%
Sowieso Sanierungsbedarf	48%	51%
Energieeinsparung	44%	60%
Erhöhung Wohnkomfort	39%	57%

Bild 2-2 Wichtigste Einflüsse für eine Sanierungsentscheidung (Quelle: Fraunhofer IBP).

Faktoren mit Gestaltungspotential, die von Beteiligten aktiv in den Raum gestellt und diskutiert werden sollten sind die Gestaltung von Nutzenkomfort und Bauphysik durch von Inhalt und Umfang verschiedene Konzepte, die Wirtschaftlichkeit, die eng mit den Maßnahmen und der Eigentümerstruktur zusammenhängt, die Kommunikation und eine eventuelle Rollenverteilung, die als einer der wichtigsten Treiber für Vorhaben und Prozess genannt wird, sowie die Gestaltung des Prozessablaufs, an dem sich das Projekt-Management orientieren kann.

Folgende Faktoren wurden in den Studien von Bosch-Lewandowski [5] und Feuersänger [6] am häufigsten genannt:

	Umfrage W.i.E	Studie BBSR
Alter	30%	28%
Passive Eigentümer	31%	-
Informationen fehlen	26%	10%
Kein Eigenkapital vorhanden	-	31%
Kein Kredit möglich	14%	13%

Bild 2-3 Wichtigste Einflüsse gegen eine Sanierungsentscheidung (Quelle: Fraunhofer IBP).

3 Umgang mit nicht veränderbaren Rahmenbedingungen

Heterogenität der Eigentümer

Eigentümer haben oft unterschiedliche Hintergründe und daher auch unterschiedliche Erwartungen an die Sanierung. Dies hat zur Folge, dass sie Entscheidungsfaktoren sehr unterschiedlich gewichtet sind, was es enorm schwierig macht ein Sanierungskonzept zu entwickeln, das die Erwartungen der Eigentümer erfüllt und akzeptiert wird. Der Werterhalt der Wohnungen und des Gebäudes ist meist wichtigster gemeinsamer Nenner und Treiber, eine Sanierung gemeinsam durchzuführen. Mit folgenden weiteren häufig vorkommende Konstellationen müssen Eigentümer und Verwalter umgehen.

Laut der Studie von Feuersänger [6] und Bosch-Lewandowski [5] ist das Alter ein wesentlicher Indikator für die Sanierungsbereitschaft. Die folgende Tabelle gibt Anhaltspunkte zu möglichen Situationen:

Finanzielle Mittel der Eigentümer

In WEGs wohnen oft unterschiedliche soziale Schichten zusammen, dadurch differenzieren die Finanzierungsmöglichkeiten auch sehr.

Zur Rolle der Finanzierung wurden uneinheitliche Aussagen gemacht. Während die Finanzierungsschwierigkeit für den Verwalterverband mit Abstand das wichtigste Sanierungshindernis mit 64,2 % darstellt, sieht der Eigentümerverband andere Faktoren als vielentscheidender an und dieses eher als Argument von unmotivierten Verwaltern um die Sanierung abzulehnen. Ist die Sanierung nicht mit Eigenkapital finanzierbar, sehen 31 % der Befragten der BBSR- Studie dies als ein Hindernis. 13 % der Eigentümer derselben Studie geben an, sie können die Sanierung auch mit Kredit nicht stemmen.

	Junge Erwachsene	Mittleres Alter	Senioren
Treiber	- Akzeptanz für den Klimaschutz	- Gute finanzielle Lage	
Hemmnisse	- Zahlen noch den Kredit für die Wohnung ab		- Skeptisch gegenüber Veränderungen - Geringes Einkommen - Unklar wie lange die restliche Wohnzeit im Eigentum ist
Maßnahmen	- Intelligente Finanzierung - Nutzen von Fremdkapital	- Motivation zur aktiven Einbringung in den Sanierungsprozess	- Anschauliches Erklären der Maßnahmen und Gründe - Erläuterung von Vorteilen neben der Wirtschaftlichkeit

Bild 3-1 Auswirkungen des Alters der Eigentümer (Quelle: Fraunhofer IBP).

Die Lösung der Finanzierungsfrage ist eine gute und frühzeitige zeitliche Aufteilung und ein Finanzierungskonzept. Eine weitere Möglichkeit stellt die zeitliche Aufteilung der Finanzierung und der Maßnahmen durch einen Sanierungsfahrplan dar. Die Nutzung von Fremdkapital oder die Möglichkeit von Contracting bieten ebenfalls die Möglichkeit, die Sanierung ohne finanzielle Rücklagen der Eigentümer zu realisieren. In vielen Fällen verringert oder löst sich die Finanzierungsfrage durch die gewonnene Energieeinsparung/Produktion.

Selbstnutzende Eigentümer/Mietverhältnisse

Das Verhältnis an vermietetet und selbstgenutzten Wohnungen ist relativ ausgewogen (54,1 %, 41,8 %, Statistische Ämter des Bundes und der Länder, 2014). Unterschieden werden sollte außerdem zwischen Vermietern, die die Wohnung als Geldanalage nutzen und Vermietern, die der Wohnung einen persönlichen Wert zuschreiben. In der Studie von Bosch- Lewandowski stellte sich heraus, dass vor allem die Vermieter Werterhalt und Steigerung als Hauptmotiv sehen (57 %), Selbstnutzer weniger (31 %). Für diese ist die Reduktion der Heizkosten wichtig, da sie dadurch direkt sparen können (24 %). Für Motive wie Behaglichkeit und Komfort sind Vermieter kaum zu gewinnen, im Gegensatz zu Selbstnutzern. Der Unterschied von Eigentum und Mietverhältnis hat einen weiteren Einfluss auf die Teilnahme von Wohnungseigentümerversammlungen. Vermieter kommen meistens selten und übertragen ihr Stimmrecht im Abstimmungsprozess auf den Verwalter [7].

Beschaffenheit des Gebäudes & Größe der WEGs

In kleinen WEGs ist die Teilnahme an Versammlungen und bei Sanierungsvorhaben größer, in größeren WEGs ist die Situation anonymer und die Eigentümer verhalten sich eher passiv [5, 6]. Dies führt jedoch nicht zwangsläufig zu einer höheren Sanierungsrate: In kleineren WEGs entsteht größeres Konfliktpotential, weniger Eigentümer können eine Entscheidung blockieren. Bei größeren WEGs ist die Motivation der größere Faktor, Gegner können jedoch leichter überstimmt werden.

Baukonstruktion und Alter des Gebäudes

Gebäude können vor allem Anhand ihres Alters eingeteilt werden. Die größten Einsparungen ergeben sich bei Gebäuden vor 1977 (1.Wärmeschutzverordnung). In der Regel sind Energieeinsparungen höher, je schlechter der Ausgangszustand ist. Hinzu kommen individuelle Eigenheiten des Gebäudes, die berücksichtigt werden müssen.

Erhaltungszustand

In WEGs wird regelmäßig die Instandhaltungsumlage für Instandsetzungen entrichtet, zu der der Verwalter verpflichtet ist. Bei einer modernisierenden Instandsetzung, zu der die Sanierung unter Umständen zählen kann, verringert sich die Amortisationszeit um die Sowieso-Kosten [8]. Da der Werterhalt wichtigstes Argument von Vermietern und selbstnutzenden Eigentümern für die Sanierung ist, ist eine Prüfung ein guter Ansatz. Für den Fall, dass die Summe der Investitionskosten durch umfangreiche Sowieso-Kosten sehr groß ist, eignen sich Sanierungsfahrpläne.

Rechtliche Situation

Rechte und Pflichten innerhalb der WEG werden im Wohnungseigentumsgesetz geregelt (WeG). Weitere gesetzliche Rahmenbedingungen für Sanierungsvorhaben legen das BGB, die EnEV und das EEG und EEWG fest.

Für die Sanierung wichtig sind vor allem die Rollen des Verwalters, des Verwaltungsbeirats, des Eigentümers, des Mieters und die von externen Experten und Planern.

Um Aufträge zu erteilen und Maßnahmen durchzuführen werden außerdem Beschlüsse durch die Wohnungseigentümerversammlung benötigt. Diese werden nach Umfang eingeteilt.

4   Umgang mit veränderbaren Rahmenbedingungen

4.1   Bauphysik und Nutzerkomfort

Energieeinsparung

Der Klimawandel ist mittlerweile in der Bevölkerung angekommen, die Frage, wie Relevant die Sanierung für die Energiewende ist, bejahen 75 % der Befragten in einer Studie der Energie-Agentur von 2016. Als guter Grund für eine Sanierung wird dieser von 60 % der Eigentümer in der Studie von Bosch-Lewandowski [5] angeben, vor der reinen Heizkostenersparnis (51 %). Einsparpotential bietet sich bauphysikalisch vor allem durch Minimierung der Transmissionswärmeverluste und Lüftungswärmeverluste, Erzeugung von Erneuerbaren Energien, Höherer Wirkungsgrad der Anlagentechnik und Erhöhen der solaren Erträge/Nutzung von regenerativen Energien. Motivation, Einsparziele und finanzieller Aufwand der Eigentümer können im Vorfeld abgefragt werden.

Thermischer Komfort

Nach Bosch-Lewandowski [5] sehen 57 % der Eigentümer die Verbesserung der Wohnqualität als wichtigen Grund für die Sanierung. Nach Feuersänger [6] ist für 37 % der Eigentümer eine Steigerung des Wohnkomforts Anlass. Die Behaglichkeit wird beeinflusst von Lufttemperatur, Oberflächentemperatur, Luftfeuchte, Zugluft, Aktivitätsgrad des Nutzers und die Kleidung des Nutzers. Durch diverse Software-Lösungen kann der Einfluss von Sanierungsmaßnahmen ermittelt werden, deren Darstellung ist jedoch sehr abstrakt. Mithilfe einer schriftlicher Erklärung und Übertragung auf geläufige Messwert wie z.B. °C kann die thermische Komfortsteigerung in Temperaturveränderungen ausgedrückt werden. Der thermische auf unterschiedlichen Raumhöhen- und Oberflächen, die Änderung des thermischen Komforts im Winter sowie im Sommer können positiv vermittelt werden.

Maßnahmen	Beschreibung	Gesetzestext	Mehrheit	Beispiele
Notmaßnahme	Instandsetzung bei akuter Gefahr vor weiteren Schäden	§21 Abs.2	Ohne WEG Beschluss	Rohrbruch, Undichtes Dach
Laufende Instandsetzung	Wiederkehrende Instandsetzungen mit geringen Kosten	§27 Abs.3 Nr.3	Ohne WEG Beschluss	Filterwechsel, Leuchtmittel
Instandhaltung/Instandsetzung	Wartung oder Reparatur eines defekten oder absehbar defekten Eigentums	§21 Abs.5 Nr.2	Einfache Mehrheit	Reparatur defekter Heizung, Wartung von Türen
Modernisierende Instandsetzung	Reparatur und Verbesserung eines defekten Eigentums	§22 Abs.3	Einfache Mehrheit	Austausch defekter Heizung durch ein neues Modell
Modernisierung	Verbesserung eines intakten Eigentums für bestimmten Zweck	§22 Abs. 2	Doppelt qualifizierte Mehrheit	Austausch intakter Heizung durch ein neues Modell
Bauliche Veränderung	Sonstige Baumaßnahmen	§22 Abs.1	Einstimmiger Beschluss der Betroffenen	Bau eines Wintergartens

Bild 4-1   Einteilung von Baumaßnahmen nach WoEigG (Quelle: Fraunhofer IBP).

Akustischer Komfort

Bei einem lärmbelasteten Umfeld kann bei einer energetischen Sanierung mit dem Fenstertausch eine Mehrfach-Verglasung oder Schallschutzverglasung realisiert werden. Dieser Aspekt sollte in einem Vorgespräch genannt werden.

Schadensfreiheit

Ein wichtiger Faktor zur Sanierungsentscheidung ist für 48 % der in der Studie von Feuersänger befragten Eigentümer [6] der Erhalt und die Herstellung von Schadensfreiheit des Gebäudes.

Eine energetische Sanierung als Modernisierungsmaßnahe trägt wesentlich zur Schadensfreiheit und Verlängerung des Lebenszyklus bei, welche in vielen WEGs als entscheidende Gründe für eine Sanierung genannt werden. Aus bauphysikalischer Sicht stellt besonders Schimmelbildung eine Gefahr dar. Maßnahmen zur nachhaltigen Vermeidung von Schimmel decken sich mit denen einer energetischen Sanierung und sollten zu Beginn angesprochen werden, anfallende Sowieso-Kosten können die Sanierungsentscheidung unterstützen. Dämmungen wirken sich bauphysikalisch entgegen landläufiger Meinungen positiv auf die Bauphysik des Gebäudes aus, da sie die Oberflächentemperaturen von Innenwänden erhöhen und somit die Luftfeuchtigkeit in diesem Bereich niedrig gehalten wird. Im Zuge einer energetischen Sanierung können hier geeignete Konzepte erstellt werden.

Kommt keine Sanierung mit einheitlicher Außenwanddämmung zustande, kann eine Innenwanddämmung in Erwägung gezogen werden. Hierbei ist meist eine fehlerhafte Montage problematisch. Diese sollte von einem Experten abgesegnet werden, dann hat auch diese eine positiven Effekt auf das Klima.

4.2   Wirtschaftlichkeit

Investitionskosten

Für 78 % der Eigentümer sind die Kosten der wichtigste Grund gegen eine Sanierung [5]. Bei der Heterogenität der Eigentümer ist zu berücksichtigen, dass von ihnen 31 % angeben die Investitionssumme nicht mit Eigenmitteln stemmen zu können und 13 % auch nicht mit Kredit [5].

Eine große Rolle für Skepsis spielt bei Bau- und Planungskosten erfahrungsgemäß die große Ungenauigkeit der Kostenschätzung. Dieses ist zwar rechtlich nicht festgeschrieben, jedoch fanden Werner, Pastor, Dölle &Frechen [9] folgende Richtwerte, die von der Rechtsprechung akzeptiert wurden:

Kostenermittlung	Planungsphase	Genauigkeit
Kostenschätzung	Vorplanung	± 30%
Kostenberechnung	Entwurfsplanung	± 20%
Kostenanschlag	Ausschreibung	± 10%
Kostenfeststellung	Abrechnung	± 0%

Bild 4-2 Ungenauigkeiten in der Kostenermittlung (Quelle: Fraunhofer IBP).

Diese Ungenauigkeit sollte den Eigentümern transparent mitgeteilt werden.

Energiekostensenkung

Laut Bosch-Lewandowski [5] ist für die Hälfte der Befragten die Heizkostenersparnis Grund für eine Sanierung. 44 % der Befragten von Feuersänger [6] Energie- und Wasserkostensenkung als Anlass zur Sanierung.

Um die Energiekosteneinsparung zu quantifizieren wird meist eine Betrachtungszeitraum von 20-30 Jahren gewählt. Die Einsparung wächst, je mehr der energiepreis ansteigt, und die Amortisationszeit verkürzt sich. Für diesen Zeitraum Energiepreise sinnvoll zu schätzen ist sehr ungenau. Sinnvoll ist es bei Sanierungsprojekten dennoch, die Amortisationszeiten für verschiedene Konzepte anzugeben. Im Vergleich hat die Aussagekraft Bestand.

Mieterhöhung

Die Möglichkeit der Umlage der Sanierungskosten auf die Mieter betrifft etwa 50 % der WEG- Wohnungen, die vermietet werden [3]. Bei einer Sanierung als modernisierende Instandhaltung ist eine Erhöhung bis zu 11 % möglich. Als Sanierungsgrund nannten jedoch nur 36,1 % der WEG- Vermieter diese Möglichkeit zur Umlage [6] und scheint daher anderen Faktoren untergeordnet.

Werterhaltung und Wertsteigerung

Die Werterhaltung- und Steigerung der Immobilie stellt in Eigentümerumfragen in der Regel das wichtigste Motiv für die Energetische Sanierung dar. Nach Feuersänger [6] sehen 86 % dies mit Abstand als wichtigsten Grund für eine Sanierung, nach Bosch-Lewandowski [5] ist dies für 67 % der Befragten Eigentümer der wichtigste Grund.

Eine Sanierung macht Gebäude für den Käufer attraktiver, der Wert für unsanierte Gebäude stetig sinkt [10], je nach Marktumfeld verschlechtert sich sonst ihr Wert, sodass sie nicht mehr verkauft werden kann. Während eine Sanierung in ländlichen Gebieten den Verkauf sichern kann, kann sie in mittleren Lagen gute Verkaufsergebnisse erzielen [11].

Der Wert der Sanierung bildet sich auch direkt in der Berechnung von Sachwert und Ertragswert laut Schema der Immobilienwertvermittlungsordnung ab.

Fördermittel

Nach Bosch- Lewandowski [5] sehen 26 % Fördermittel als Anlass eine energetische Sanierung durchzuführen. Fördermittel für Sanierungsprojekte werden von unterschiedlichen Stellen vergeben. Dazu gehören meist indirekte Förderungen der EU, zum Beispiel durch einen Fonds für Energieeffizienz und erneuerbare Energien, die europäische Investitionsbank, deren Ziel es ist Prozesse in Unternehmen umweltfreundlicher zu gestalten und der Europäische Fonds für regionale Entwicklung (EFRE), der ebenfalls Kohlendioxideinsparungen und erneuerbare Energien fördert. Der Bund fördert durch die KfW, das Bundesamts für Wirtschaft und Ausfuhrkontrolle und das Bundesamt für Wirtschaft und Energie. Auf Ebene der Bundesländer gibt es meist Landesförderbanken, Kooperationen zwischen Banken und KfW, meist landesweit zuständige Energieagenturen und unterschiedliche Einzelförderprogramme. Die Kommunale Ebene fördert Sanierungsmaßnahmen durch Städtische Förderprogramme und Sanierungsgebiete.

Finanzierung

Für verschiedene Situationen in der WEG und unter Berücksichtigung der Heterogenität der Eigentümer werden Szenarien in diesem Schaubild dargestellt:

Im Wohnungseigentumsgesetz wird festgelegt, dass der Verwalter dazu verpflichtet ist eine Instandhaltungsrücklage für Instandhaltungs- und Instandsetzungsmaßnahmen zurückzulegen, zu deren Entrichtung die Eigentümer verpflichtet sind. Diese ist in einem bestimmten Rahmen variabel (einen Anhaltspunkt liefert die Petersche Formel, [12]) und kann für eine Sanierung verwendet werden. Reicht die angesparte Rücklage für die vorgesehenen Sanierungsmaßnahmen nicht aus, muss sie mit einer nachfolgenden Methode kombiniert werden.

Bild 4-3   Finanzierungsmöglichkeiten einer Sanierung (Quelle: Fraunhofer IBP).

Möglich ist das frühzeitige, längerfristige ansparen, wenn Sanierungsmaßnahme und Entscheidung frühzeitig gefasst werden, oder auch die Gestaltung einer Sanierung durch einen Sanierungsfahrplan mit schrittweiser Durchführung. In der Realität sind diese Varianten jedoch erst wenig verbreitet.

Reicht der Umfang der Instandhaltungsrücklage für den Umfang der Sanierungsmaßnahmen nicht aus, kann eine Sonderumlage durch Mehrheitsbeschluss beschlossen werden, zu der alle Eigentümer verpflichtet sind. Für das Vorhaben kann auch ein langfristiger Wirtschaftsplan angelegt werden.

Eine andere Variante ist die Kreditaufnahme der WEG. In der Regel nimmt jeder Eigentümer einen Kredit auf, der dann an die WEG ausgezahlt wird. Möglich ist es aber auch, dass der Kredit von mehreren Eigentümern aufgenommen wird. Bei Banken gestaltet sich dies aber wegen hohem Prüfaufwand schwierig, die WEG haftet bei Verbandskrediten dabei solidarisch. In manchen Bundesländern wie Baden-Württemberg werden WEGs deswegen durch Landesbürgschaften unterstützt.

Bei der Beantragung der meisten Sanierungskredite wird auf KfW-Kredite zurückgegriffen, wodurch Förderungen genutzt werden können. Spätere Einsparungen bei den Heiz- und Energiekosten tragen zusätzlich zur Tilgung bei und machen die Kreditfinanzierung attraktiv. Kredite können selbstverständlich mit der Sonderumlage kombiniert werden.

Eine weitere Möglichkeit zur Realisierung eines Sanierungsvorhabens stellt das Energie-Contracting mit einem Dienstleister (Contractor) dar. Dabei tätigt dieser die Investition der Sanierung für die WEG. Ein Teil der durch die Sanierung eingesparten Kosten wird dem Contracting- Geber in Raten für die Investition zurückgezahlt. Dies bringt die Vorteile mit sich, dass Risiko und Anlagenüberwachung beim Contractor liegen, die Optimierung von Preis, Technik und Organisation sowie eventuellen Nutzen der Fachkompetenz des Contractors [13]. Kontrapunkte sind lange Vertrags-laufzeiten und Bindung, geringer Wettbewerb, geringe Kostentransparenz, und der Beratungsaufwand für die Vertragsgestaltung. Contractinggeber in Deutschland sind zu 45 % die Stadtwerke und 16 % Energieversorger. [14].

Contractingverträge mit Energielieferern können außerdem an Verträge zur Brennstofflieferung gekoppelt werden. Der Eigentümer bezahlt zusätzlich zu seinem Verbrauch eine höhere Grundgebühr, die die Raten für die Investition und die Wartung abdecken [13]. Damit sich Ausarbeitung und Vertragsgestaltung lohnen, sind Contracting-Sanierungen meist erst für größere WEGs ab ca. 50.000 €-200.000 € Energiekosten interessant [15].

Eine innovative Lösung ist die Gründung oder Nutzung von Energiegenossenschaften, welche erneuerbare Energien durch Windräder, Photovoltaikanlagen, Solarkollektoren, Nahwärmenetze und Blockheizkraftwerke erzeugen. Wegen sinkender Einspeisevergütungen haben die Neugründungen in Deutschland jedoch abgenommen [16]. Die Gründung kleinerer Genossenschaften für den Eigengebrauch sind jedoch nach wie vor sinnvoll und eignen sich für WEGs.

Die zweite innovative Lösung ist die Überlegung einer gemeinsamen baulichen Erweiterung des Gebäudes. Geprüft werden muss dazu die Statische Tragfähigkeit je nach Art der Erweiterung (Aufstockung, Anbau, Baulückenschließung, Quartierslösung). Im Schnitt können auf Gebäude von 1950-1989 1,3 Stockwerke aufgesetzt werden [17]. Außerdem muss eine Baugenehmigung eingeholt werden. Der Bebauungsplan wird dazu geprüft, liegt kein Bebauungsplan vor, muss sich das Geplante Gebäude in das bauliche Umfeld einfügen. Hier hat die Behörde Ermessensspielraum, besonders in Großstädten bei herrschender Wohnungsknappheit ist sie Nachverdichtungsmaßnahmen meist positiv eingestellt.

Der Vorteil bei der baulichen Nachverdichtung ist, dass kein Baugrund gekauft werden muss. Daher lohnen sich Erweiterungen besonders bei hohen Bodenpreisen, in Großstädten und Ballungszentren [18]. Die Investition ist jedoch höher. Falls die Investition nicht über Kredite zu stemmen ist kann es hier in Erwägung gezogen werden, eine Gesellschaft zu gründen oder einen Investor für den Bau des Neubaus hinzuzuziehen, der im Gegenzug für den Boden die Sanierung des Gebäudes übernimmt.

4.3   Prozessoptimierung

Kommunikation

Kommunikation stellte sich als entscheidender Faktor bei allen Sanierungen heraus [5]. Der Verwaltungsbeirat nimmt hier als Kümmerer eine tragende Rolle ein, da er zwischen Eigentümern und Verwalter/Planern vermittelt. Auch die Initiative zur Sanierung selbst wird nicht selbstverständlich vom Verwalter getroffen, sondern oft auch von WEG- Eigentümern oder vom Beirat selbst.

Der erste Schritt um ein Vorhaben auf den Weg zu bringen ist die Ermittlung der Sanierungsziele der Eigentümer. Nur so können von Anfang an bedarfsgerechte Sanierungskonzepte erstellt werden.

Für die Ermittlung der Informationen eignen sich Gesprächsrunden zu Themen, persönliche Gespräche und Umfragen sowie Online- Umfragen. Zu berücksichtigen ist auch die teils große Wirkung informeller Gespräche. Während für keine WEGs Gesprächsrunden sehr geeignet sind, eignen sich Umfragen in großen WEGs zur besser. Durch den Anstoß der Befragung wird die Auseinandersetzung der Eigentümer mit dem Thema angestoßen. Durchführung und Auswertung kann vom Verwaltungsbeirat oder vom Verwalter vorgenommen werden. Die Ergebnisse sollten aufbereitet und an die Eigentümer weitergeleitet werden, sodass die Auswertung auch als Stimmungsbild für das Vorhaben dient. Anschließend sollten die Ergebnisse Energieberater und Planer weitergeleitet werden, sodass diese Sanierungsvarianten nach den Erwartungen der Eigentümer planen können.

Durch die Umfrage bekannt gewordene Vorurteile, die als pauschale Ablehnungsgründe genannt werden, können meist durch technische und in der Situation konkrete Fakten entwertet werden. Dazu zählen oft die pauschalisierte Unwirtschaftlichkeit der Sanierung, der pauschale Anstieg der Mieten und somit der Kosten für den Mieter, das Erhöhen des Schimmelrisikos, die „Atmung der Wände" und Algenwachstum.

Der Verwaltungsbeirat kann nur in dieser Phase in seiner Rolle als Kümmerer Fragen der Eigentümer Sammeln und an die richtigen Stellen weiterleiten, sondern über den ganzen Prozess. Eine Möglichkeit ist auch die Veröffentlichung eines Frage- Antwort-Katalogs.

Von anderer Seite sollten Informationen von Planern und Bauunternehmungen ebenfalls direkt an den Verwaltungsbeirat weitergegeben werden, da diese nur durch ungefilterte Informationen ihre Kontrollfunktion richtig wahrnehmen können.

Bedeutende Aufgabe der Kommunikation ist auch das Nutzerverhalten, das den Energieverbrauch maßgeblich beeinflusst. Besonders nach einer Sanierung macht sich häufig ein Rebound-Effekt bemerkbar. Dieser kann einerseits auftreten, wenn das nun energieeffiziente Gut nun mehr genutzt wird, wie zum Beispiel durch leichte Kleidung im Winter oder Erhöhung der Raumtemperatur. Dadurch kann die Energieeinsparung und die Einsparung des Heizwärmebedarfs um 10-30 % reduziert werden. Informationsmaterial steht vom Umweltbundesamt („Energiesparen und Haushalt") und in einer Broschüre vom Umweltministerium Baden-Württemberg zur Verfügung gestellt.

Akteure

Im folgenden Schaubild werden die Beteiligten und deren Rolle im Sanierungsprozess dargestellt:

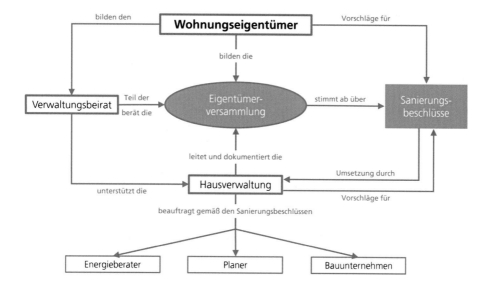

Bild 4-4 Akteure in der Eigentümerversammlung (Quelle: Fraunhofer IBP).

Eigentümern kommt vor allem die Beteiligung im Vorfeld zu, um sinnvolle Sanierungslösungen zu erarbeiten. Bei ihnen liegt die Mehrheitsfindung und die Abstimmung über Beschlüsse.

Aus den Eigentümerreihen bildet sich der Verwaltungsbeirat, dem die im Abschnitt über die Kommunikation zugeschriebene Rolle als Kümmerer zukommt. Außer dem Verwaltungsbeirat kann für eine Sanierung ein Ausschuss aus Reihen der Eigentümer gebildet werden.

Die Hausverwaltung wird für ihre Arbeit für die WEG vergütet und ist oft selbst nicht Mitglied. Da keine Berufsqualifizierung notwendig ist (Gesetz zur Einführung einer Berufszulassungsregelung für gewerbliche Immobilienmakler und Wohnimmobilienverwalter), unterscheiden sich Qualifikation und Berufshintergrund von Verwaltern stark, was zu einem sehr unterschiedlichen Meinungsbild der Eigentümer führt. Anreiz kann eine zusätzliche Vergütung für den Verwalter ins Spiel gebracht werden, seine Chancen auf Wiederwahl und die Imagesteigerung durch Referenzen erhöhen die Bereitschaft zur Sanierung. Ist der Verwalter der Sanierung jedoch fachlich nicht gewachsen oder zeitlich zu ausgelastet, kann dies entscheidender Faktor für Verlauf und Tempo des Sanierungsprozesses sein. In einem Gespräch sollte daher seine Einstellung und Erfahrung im Vorfeld abgefragt werden und mögliche Lösungen gefunden werden.

Als Experten auf der Planerseite werden laut Bundesministerium für Wirtschaft und Energie [19] häufig Energieberater, Architekten, Statiker und TGA-Planer eingesetzt. Die Motivation sich in den Prozess einzubringen liegt an der Regelung der Vergütung nach Bauvolumen nach HOAI. Da WEG Sanierungen komplexe Prozesse beinhalten, sind diese nicht erste Wahl bei Architekten und Ingenieuren [20].

Ablauf des Sanierungsvorhabens

Der Prozess der Sanierung in einer WEG lässt sich Schematisch in fünf Phasen aufteilen. Das Ende einer jeden der ersten vier Phasen wird jeweils von einer Abstimmung in der Eigentümerversammlung markiert, welches das weitere Vorgehen bestimmt.

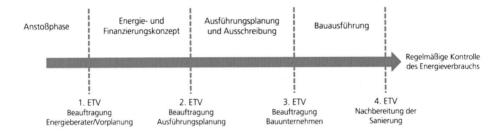

Bild 4-5 Phasen bei einem Sanierungsvorhaben (Quelle: Fraunhofer IBP).

In der Anstoßphase sollten vor allem Informationen verteilt werden und sinnvolle Kommunikationswege eingesetzt werden, um die Diskussion und Sensibilisierung für das Thema anzustoßen. Der Verwaltungsbeirat sollte bereits hier seine Rolle als aktiver Kommunikator und Ansprechpartner für die Eigentümer wahrnehmen. Möglichkeiten sind Informationsabende und eine Umfrage zum Vorhaben um ein Stimmungsbild zu erfassen. Wenn dieses nicht völlig gegen die Sanierung spricht, können die Ergebnisse der Informationsabende und die Ergebnisse der Umfrage frühzeitig an die Eigentümer weitergegeben werden und auf dieser Grundlage die erste Wohnungseigentümerversammlung organisiert werden.

In der ersten Eigentümerversammlung wird über die Fortsetzung durch die Planung eines Energieberaters und ein Finanzierungskonzept beschlossen. Ein Bauausschuss kann gegründet werden. Wichtig ist die Zusammenstellung der Finanzlage des Verwalters und der einzelnen Eigentümer zu diesem Termin und die Aufklärung über grundsätzlich mögliche Finanzierungswege.

Durch den Energieberater werden erste für das Gebäude sinnvolle Sanierungsvarianten erstellt, eine Kostenschätzung und eine Schätzung der Förderungen vorgenommen und eine Amortisationsrechnung durchgeführt. Der Verwalter ist maßgeblich an der Erstellung eines Finanzierungskonzepts beteiligt. Hier ist darauf zu achten, dass mehrere Varianten zur Finanzierung vorgestellt und überprüft werden.

Ergebnisse aus dieser Phase sollten den Eigentümern frühzeitig zugehen, sodass sie ausreichend Zeit haben die Konzepte nachzuvollziehen und sich vorbereiten können.

Bei der zweiten Eigentümerversammlung werden die Varianten besprochen und ausgewählt. Ziel der Versammlung ist es einen Architekten mit der Werkplanung zu beauftragen, damit Angebote einzuholen und Fachplaner hinzuzuziehen. Das Finanzierungskonzept wird ausgewählt, der Kostenrahmen wird beschlossen.

In der Phase der Ausführungsplanung arbeitet der Planer mit Bauausschuss und Fachingenieuren zusammen. Über den Baubeginn und die finale Sanierung wird in der vierten Eigentümerversammlung beschlossen. Auf dem Weg dorthin sollte die Kommunikation transparent gehalten werden, um möglich Bedenken frühzeitig abwenden zu können.

Nach der Realisierung der Bauarbeiten endet der Sanierungsprozess nicht. Regelmäßige Kontrollen des Energieverbrauchs, ein Soll-Ist-Vergleich kontrollieren das Nutzerverhalten und zeigen den Erfolg des Projekts. Eventuell fehlerhafte Anlageneinstellungen können vorgenommen werden.

Verbesserungen am Prozess

Der beschriebene Prozessablauf beschreibt den Optimalfall mit Kompetenten Beteiligten. In der Praxis dauern Sanierungsprozeese von WEGs in der Regel drei Jahre. Optimierungsmöglichkeiten bestehen vor allem darin,

– das Sanierungskonzept an die Erwartungen der Eigentümer anzupassen. Ist das Konzept standardisiert und verfehlt den Bedarf der Nutzer, wird es nicht angenommen.
– Beratungsangebote sollten ausgeschöpft werden. Die Komplexität des Vorhabens erfordert Fachwissen aus verschiedenen Bereichen. Unabhängige Beratungsstellen von Kommune, Land und Verbände beraten sinnvoll und kennen Experten.
– frühzeitige Bereitstellung von Informationen für alle Eigentümer. Werden für eine Entscheidung notwendige Informationen erst in der Eigentümerversammlung ausgehändigt, besteht keine Möglichkeit sich mit der Materie vertraut zu machen. Das Vertrauen sinkt und Beschlüsse werden abgelehnt.

– eine professionelle Bauabnahme. Wird diese nicht vorgenommen, können hohe Folgekosten entstehen.
– Kontrolle durch den Verwaltungsbeirat. Sie stellt Vertrauen und Kommunikation mit den Eigentümern sicher.
– Kontrolle des Energieverbrauchs und der Kosteneinsparungen nach der Sanierung.

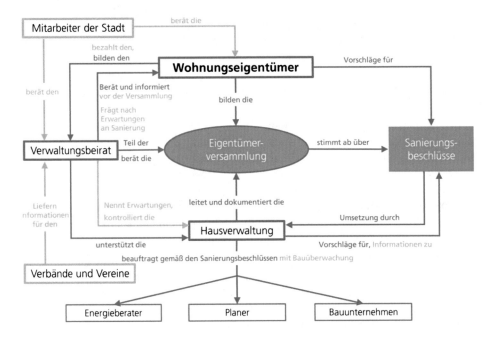

Bild 4-6 Akteure im Prozess mit Optimierungsvorschlägen ergänzt (Quelle: Fraunhofer IBP).

5 Zusammenfassung

Der Entscheidungsprozess bei Sanierungen mit Wohnungseigentümergemeinschaften stellte sich in der Untersuchung als sehr komplex und schwierig für die Realisierung der Vorhaben heraus. Nicht beeinflussbare und beeinflussbare Faktoren konnten bestimmt werden, Ergebnisse verschiedener Studien trugen zur Lösungsentwicklung für das Potential von baulichen Aspekten (Bauphysik und Nutzenkomfort), Wirtschaftlichkeit (Finanzierung) und Prozess (Kommunikation, Akteure, Prozessgestaltung) bei.

Es stellte sich heraus, dass dem Verwaltungsbeirat bei Sanierungsprozessen eine tragende Rolle zukommt, dass Qualifikation und Einstellung des Verwalters ausschlaggebend sind, und dass sich Sanierungskonzept und Finanzierung bedarfsgerecht an den Eigentümervorstellungen orientieren sollten.

Für Finanzierungsmöglichkeiten und Prozessoptimierung wurden Vorschläge gemacht, die zum Gelingen eines Sanierungsvorhabens beitragen.

Weitere Maßnahmen der Politik sind denkbar, wie eine klarere Formulierung des WEG in Bezug auf Sanierungen und Beschlussmehrheiten und einer Einführung einer Mindest-instandhaltungsrücklage abhängig vom Gebäudealter. Unerlässlich ist der Nachweis von Fachkenntnis von Immobilienverwaltern, damit keine fachfremden Quereinsteiger den komplexen Beruf mit viel Verantwortung ausführen.

Für den Prozess ergaben sich folgende Faktoren als entscheidend für die Sanierung:

Abbildung 30 Maßgebende Faktoren zum Erfolg eines Sanierungsprozesses

Bild 5-1   Einflussfaktoren Entscheidungsprozess Sanierung WEG (Quelle: Fraunhofer IBP).

6   Ausblick

Da die Energiepreise momentan auf einem recht niedrigen Niveau liegen und sich die angenommenen Energiepreissteigerungen sich momentan nicht bewahrheiten, werden wirtschaftliche Aspekte in naher Zukunft eine untergeordnete Rolle spielen um die Sa-nierungsrate zu erhöhen. Auch aus Werterhaltung wirkt der Immobilienmarkt zu wenig Druck auf Eigentümer aus. Die Politik hat mit der Integration des Sanierungsfahrplans BAFA Vor-Ort-Beratung einen ersten Schritt in die richtige Richtung gemacht die lang-fristige Planung von Sanierungsmaßnahmen zu unterstützen. Für WEGs sind aus der Po-litik jedoch keine speziellen Förderungen in Aussicht, die bei den komplexen Entschei-dungsprozessen helfen können. Auch die Hausverwaltungen werden nach kürzlich ver-abschiedetem Gesetz zur Berufszulassung nicht mehr in die Pflicht genommen Sanierun-gen mit Fachwissen proaktiv voran zu treiben. Daher ist kurzfristig mit keiner Verbesse-rung der Situation zu rechnen. Lediglich die steigenden Ansprüche an den Wohnkomfort in Gebäuden und das Wachsende Bewusstsein für den nachhaltigen Umgang mit Roh-stoffen spricht dafür, dass langfristig Sanierungsaktivitäten fortgesetzt werden.

7   Literatur

[1]   Umweltbundesamt. (2017). Nationale Trendtabellen für die deutsche Berichterstattung atmosphärischer Emissionen 1990 - 2015. Dessau.

[2]   Diefenbach, N., & Clausnitzer, K.-D. (2010). Datenbasis Gebäudebestand: Datenerhebung zur energetischen Qualität und zu den Modernisierungtrends im deutschen Wohngebäudebestand. Darmstadt, Bremen: Institut Wohnen und Umwelt; Bremer Energie-Institut.

[3]   Statistische Ämter des Bundes und der Länder. (2014). Zensus 2011.

[4]   Studie des Instituts für Wohnungswesen, Immobilienwirtschaft, Stadt- und Regionalentwicklung von 2012

[5]   Bosch-Lewandowski, S., Marsch, S., Küchel, L. Dr., Weeber, R. Prof. Dr., Buhtz, M. Dr., Lambrecht, K., & Greiner, D. Dr. (2014). Investitionsprozesse bei Wohnungseigentümergemeinschaften mit besonderer Berücksichtigung energetischer und altersgerechter Sanierungen. Bonn: Selbstverl. Verfügbar unter http://www.bbsr.bund.de/BBSR/DE/Veroeffentlichungen/Sonderveroeffentlichungen/2014/Investitionsprozesse.html [20.10.2017]

[6]   Feuersänger, S. (2017). Instandsetzen, modernisieren, sanieren: Wie hält Ihre WEG das Gebäude in Schuss? Auswertung der ersten bundesweiten Befragung der WOHNUNGSEIGENTÜMER zum Thema Gebäudesanierung. Bonn.

[7]   Brandt, T., & Heinrich, G. (2017). Der Modernisierungsknigge für Wohnungseigentümer: Spielregeln für den Umgang mit Menschen und Paragrafen bei der Instandhaltung, Modernisierung und Sanierung von Wohnungseigentumsanlagen. Bonn.

[8]   Holm, A., Mayer, C., & Sprengard, C. (2015). Wirtschaftlichkeit von wärmedämmenden Maßnahmen. Gräfeling.

[9]   Werner, U., Pastor, W., Dölle, U., & Frechen, F. (2013). Der Bauprozess: Prozessuale und materielle Probleme des zivilen Bauprozesses (14., neu bearb. und erw. Aufl.). Köln: Werner.

[10]   Reese, U., & Althoff, R. (Eds.). (2012). Tagungsband der EIPOS-Sachverständigentage Bauschadensbewertung und Immobilienbewertung 2012: Beiträge aus Praxis, Forschung und Weiterbildung. Stuttgart: Fraunhofer IRB Verl.

[11]   Scherr, H. (2011). Energieeffizenz in der Wertermittlung. Der Immobilienbewerter. (3).

[12]   Amann, G., & Kromer, A. (2014). Der Verwalter Brief: mit Deckert kompakt.

[13] Eikmeier, B., & Peter (Eds.). (2009). Contracting im Mietwohnungsbau: Ein
      Projekt des Forschungsprogramms "Allgemeine Ressortforschung" des Bundes-
      ministeriums für Verkehr, Bau und Stadtentwicklung (BMVBS) und des Bun-
      desinstituts für Bau-, Stadt- und Raumforschung (BBSR) im Bundesamt für Bau-
      wesen und Raumordnung (BBR). Forschungen / Bundesministerium für Ver-
      kehr, Bau und Stadtentwicklung Bundesamt für Bauwesen und Raumordnung:
      Vol. 141. Berlin: Bundesamt für Bauwesen und Raumordnung.

[14] Flegel, T., & Paatzsch, C. (2017). Untersuchung des Marktes für Energiedienst-
      leistungen, Energieaudits und andere Energieeffizienzmaßnahmen. Eschborn.

[15] Appelt, H., Lohse, R., & Höflich, H. (2015). Contracting im Energiebereich: Er-
      folgsbeispiele aus Baden-Württemberg. Stuttgart.

[16] Ott, E., & Vohrer, P. (2016, July). Energiegenossenschaften: Ergebnisse der
      DGRV-Jahresumfrage Ergebnisse der Blitzumfrage unter Energie-Kommunen
      der AEE, Berlin.

[17]   Tichelmann, U., Groß, K., & Günther, M. (2016). Wohnraumpotentiale durch
      Aufstockungen.

[18] Baba, L., Kemper, J., Henniges, F., & Papouschek, S. (2016). Potenziale und
      Rahmenbedingungen von Dachaufstockungen und Dachausbauten. Bonn.

[19] Bundesministerium für Wirtschaft und Energie. (2014a). Energetisch und alters-
      gerecht sanieren: Ein Ratgeber für Wohnungseigentümergemeinschaften. Berlin.

[20] Brandt, T., & Heinrich, G. (2017). Der Modernisierungsknigge für Wohnungsei-
      gentümer: Spielregeln für den Umgang mit Menschen und Paragrafen bei der In-
      standhaltung, Modernisierung und Sanierung von Wohnungseigentumsanlagen.
      Bonn.

Plattenbau – Handlungsleitfaden für die energetische Sanierung von Typenbauten

Dipl.-Oec. Antje Vargas[1]

1 GeoClimaDesign AG, Mühlenbrücken 3-5, 15517 Fürstenwald/Spree, Deutschland

Der Plattenbau zeichnet sich vor allem durch seine robuste und langlebige Fassade aus, wodurch auf eine aufwendige und kostenintensive Sanierung im Fassadenbereich meist verzichtet werden kann. Das Ärztehaus Fürstenwalde/Spree, als repräsentatives Beispiel, zeigt, dass allein die Installation einer Flächenheizung eine Energieeinsparung von bis zu 32,5 % generieren kann.

Der vorgestellte Leitfaden stellt eine Handlungsanleitung dar, bei welcher drei elementare Mieterinteressen berücksichtigt werden. Diese sind zum einen eine bequeme und ungestörte Bauphase, die Schaffung eines behaglichen, schicken und kostensparenden Raumklimas sowie die dauerhafte Energieeinsparung für den Nutzer.

An einem ausgewählten Beispiel wird die energetische Sanierung von Plattenbauten im Kontext der deutschen Klimaziele bis 2050 dargestellt.

Schlagwörter: energetische Sanierung, Plattenbau, Typenbau, Mietpreis, Heizkosten, Wärmepumpe, Leistungszahl (COP), Jahresarbeitszahl (JAZ), Niedertemperatur-Flächenheizung, Deckenheizung, Kühlung

1   Klimaziel 2050 – Die Wärmepumpe in der Altbausanierung

1.1   Wirtschaftlichkeit und Umsetzung

In Deutschland gibt es zurzeit zwei wesentliche Probleme. Diese umfassen sowohl betriebswirtschaftliche als auch volkswirtschaftliche Bereiche.

Von der vorgegebenen Sanierungsrate von 2°% konnten derweil in Deutschland nur 1°% umgesetzt werden. Grund dafür sind die meist kostenintensiven Sanierungsmaßnahmen an der Gebäudehülle, welche sich erst spät amortisieren. Dies hat zur Folge, dass die Eigentümer nur bedingt investieren wollen und somit sowohl selbstgenutzte als auch vermietete Immobilien nicht saniert werden.

Aus den Klimapfaden für Deutschland [1] geht die Erkenntnis hervor, dass der Richtwert der CO_2 Einsparung im Gebäudebereich bis zum Jahr 2050 nicht erreicht werden kann, sofern nicht die Verbrennung von Erdgas und Öl in Bestandgebäude eingestellt wird. Zusätzlich können verstärkte Dämmmaßnahmen die Situation nicht verbessern. Deshalb rückt im Rahmen der Sektorkopplung die elektrische Wärmepumpe in den Fokus. Die Anzahl der installierten Anlagen soll sich bis zum Jahr 2050 von derzeit ca. 0,8 Mio.

Stück auf 16 Mio. erhöhen. Dennoch ergibt sich, wie Bild 1-1 zeigt, ein weiteres betriebswirtschaftliches Problem.

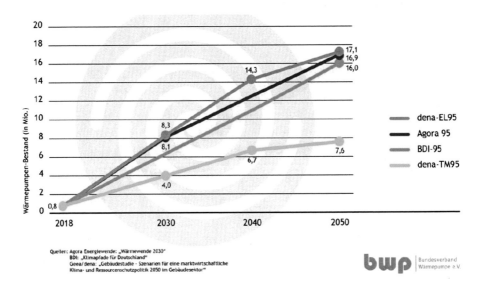

Bild 1-1 Ausbaupfade der Wärmepumpe in Deutschland bis 2050 (Quelle: BWP).

1.2 Lösungsansätze

Der Schlüssel zur Lösung ist der Wirkungsgrad der Wärmepumpenanlage, welcher als Jahresarbeitszahl abgebildet wird. Diese ergibt sich aus dem Wirkungsgrad der Wärmepumpe und den Anlagenbedingungen im Zusammenspiel mit der Quelle und der Wärmeverteilung. Und zwar aus den tatsächlich über das Gesamtjahr genutzten Betriebstemperaturen für Heizung und Warmwasserbereitung. In den Studien, welche von BCG und Prognos im Auftrag des DBI erstellt wurden, geht man von einer durchschnittlichen JAZ von nur 3,5 aus. Das ist logisch, wenn man den durchschnittlich zu erwartenden Wärmebedarf im sanierten Altbau bei Beibehaltung von Mitteltemperaturheizkörpern nach Dämmung der Fassaden und die Warmwasserbereitung direkt über die Wärmepumpe unterstellt.

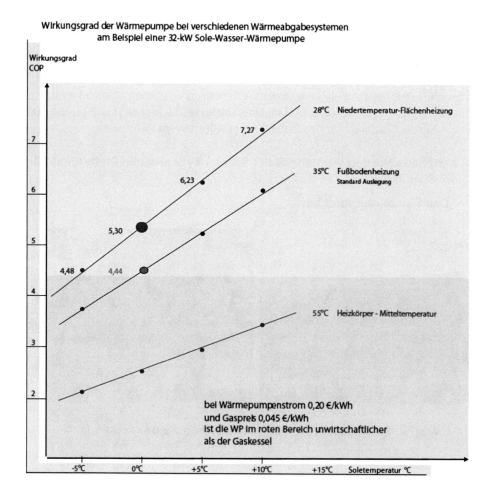

Bild 1-2 Einfluss der Wärmeverteilsysteme auf den Wirkungsgrad der Wärmepume (Quelle: GeoClimaDesign AG).

Aktuell ist Strom vier- bis fünfmal so teuer wie Gas. Da eine Wärmepumpenanlage nicht so preiswert wie ein Gaskessel ist, muss die Jahresarbeitszahl einer Wärmepumpe deutlich über 5 liegen, damit sie betriebswirtschaftlich sinnvoll wird. Wie wäre das erreichbar?

1. Die Wärmeverteilsysteme auf ein Niedertemperaturniveau bringen, siehe Grafik,
2. die Warmwassertemperatur kaskadiert herstellen mit einem Zwei-Speicherkonzept, und zwar bis 30°C mit der Wärmepumpe, ab 30°C mit Solarthermie und / oder Gas.

Die erste komplexe Aufgabe liegt in der Umlegung auf ein Niedertemperaturniveau. Dabei muss die Temperatur im Wärmeverteilsystem in Bestandsgebäuden von 70 °C auf

30 °C reduziert werden. Der Einbau einer Flächenheizung galt bisher als unpraktikabel für die Installation im Bestand. Zudem wurde dieses Sanierungskonzept als zu kostenintensiv angesehen.

Das folgende Beispiel einer Heizungsänderung auf Niedertemperatur-Flächenheizung in einem bewohnten Typenbau ist eine Handlungsanleitung, die preiswert und praktikabel ist und damit als Blaupause für den Plattenbau im Allgemeinen dient.

2   Ärztehaus Nord in Fürstenwalde / Spree - Typenbau im Plattenbaustil der 80er Jahre

2.1   Das Einsparversprechen

Bild 2-1   Ärztehaus vor der Sanierung und nach der Sanierung (Foto: GeoClimaDesign AG).

Das Ärztehaus mit einer Grundfläche von 4.645 m² inklusive aller Flure beherbergt 30 ambulante Praxen von der Chirurgie, über einen Zahnarzt und einer Physiotherapie bis hin zur Apotheke. Ein Ärztehaus mit hoher Frequenz und hoher Effizienz. Der Energieverbrauch von durchschnittlich 428.000 kWh/a (entspricht 92,14 kWh/m²a) liegt bereits unterhalb des Altbaudurchschnitts, soll jedoch im Sinne der Mieter deutlich verringert werden.

Bild 2-2   Thermographie Fassade Ärztehaus vor der Sanierung (Foto: GeoClimaDesign AG).

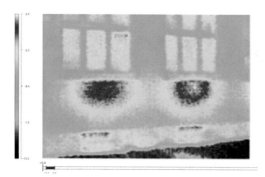

Bild 2-3   Thermographie 36-er Ziegelmauer verputzt vor der Sanierung (Foto: GeoClimaDesign AG).

Vergleicht man den Plattenbau der 80er Jahre mit Altbauten aus der Mitte des vorigen Jahrhunderts, mit 36-er Ziegelwand/verputzt, ist der Wärmeverlust über die Fassade bei Heizkörperheizung deutlich geringer (siehe Bild 2-2 und Bild 2-3). Demzufolge würde die Amortisation einer durch Dämmung der Fassade erreichten Energieeinsparung beim Plattenbau auch entsprechend länger dauern.

Die Fassade wurde im Rahmen der Sanierung nicht gedämmt. Sie ist auch von ihrer optischen Erscheinung der Außenhaut oftmals nicht renovierungsbedürftig. Das vorgestellte Projekt ist ein sehr typisches Beispiel für die robuste, freundliche und damit nachhaltige Außenhaut der Plattenbaufassade. Am Ärztehaus wurde an der Gebäudehülle lediglich eine Fugensanierung durchgeführt.

Bild 2-4 Ansicht Außenhaut der Plattenbaufassade (Foto: GeoClimaDesign AG).

Bild 2-5 Ansicht Fenster (Foto: GeoClimaDesign AG).

Die Fenster wurden ebenfalls nicht erneuert, hier wurde abgewogen und entschieden, dass die Fenstererneuerung den kaufmännischen Erfolg der Deckenheizung nicht in gleicher Weise abbilden könnte.

Die grundlegenden Fragestellungen in der Sanierung des Ärztehauses liegen in der möglichen Verbesserung der Energiebilanz und in der Einsparung der Kilowattstunden durch den Einbau einer Niedertemperaturflächenheizung. Erfahrungen belegen, dass diese Einsparung je nach Gebäudehülle zwischen 25 % und 40 % liegen. Da die Deckenheizung jedoch noch nicht so verbreitet und insbesondere ihre Energieeffizienz nicht allgemein bekannt ist, war es für den Eigentümer der Immobilie schwer, diesen besonderen Vorteil der Investition ohne eigene Erfahrung anzuerkennen. Die Lösung, die zur Zufriedenheit aller Beteiligten Entscheider gefunden wurde, ist das Einsparversprechen als vertragliche Zusage. Für Deckenheizung im Altbau wurde das Einsparversprechen zum Geschäftsmodell entwickelt. Es ähnelt dem Energieeinsparcontracting, ist jedoch deutlich einfacher und auch ohne Contractingvertrag umsetzbar. Es erfolgt eine Zusicherung einer konkreten Einsparung in kWh unter konkreten Bedingungen im Kaufvertrag der Anlagen. Im

Fall des Ärztehauses wurde ein Einsparversprechen (kWh Endenergie) von 25 % vereinbart. Für die verbindliche Zusage waren folgende Voraussetzungen gegeben:

- Die transparente Dokumentation der Verbräuche der letzten acht Jahre.
- Keine weiteren Investitionen an der Gebäudehülle, die den Vorher-Nachher-Vergleich beeinflussen können.

Der Vermieter hat damit die Sicherheit, dass er seine Investition sowohl in der Nettokaltmiete als auch in den Energiekosten abbilden kann. Dieses Geschäftsmodell ist eine Innovation, die Energieeinsparung und wertsteigernde Investitionen am Mietgegenstand vereint.

Im Ärztehaus wird Ende 2018 die Referenzmessung für die Vertragserfüllung stattfinden. Bereits für das Rumpfjahr 2017 konnte eine Erfüllung des Ziels dokumentiert werden. Vom gesamten Gebäudekomplex waren bereits ca. 3.744 m² am Netz. Der Wärmeverbrauch für diesen bereits sanierten Gebäudebereich wurde insgesamt mit 252.118 kWh dokumentiert. Das entspricht 73,1 % des bisherigen durchschnittlichen Jahresverbrauchs für die anteilige Fläche und somit einer Einsparung von ca. 26,9 %.

Die Wärmequelle und die Kosten für Primärenergie sind für das Einsparversprechen der Deckenheizung und -kühlung neutral zu betrachten. Im vorliegenden Beispiel entsteht ein zusätzlicher Nutzen aus der Preisverbesserung für die Primärenergie durch Umstellung von Fernwärme auf BHKW, einen Gaskessel und einer elektrischen Kältemaschine für die Deckenkühlung.

3 Der bequeme Einbau

Eine Renovierung mit Heizungsumbau in 30 Praxen und deren gemeinsamen Fluren bei laufendem Geschäftsbetrieb durchzuführen, schien zunächst eine undenkbar schwere Herausforderung zu sein. Sind die einzelnen Schritte zur Umsetzung bekannt, ist die Ausführung leicht, planbar und für alle Beteiligten praktikabel.

3.1 Schritt 1 – Einteilung in Planungsabschnitte

Im ersten Schritt wird in der Planungsphase das Projekt in abgeschlossene Abschnitte segmentiert. So kann später jeder Abschnitt unabhängig und ohne Einfluss auf die Gesamtanlage „ans Netz" gehen.

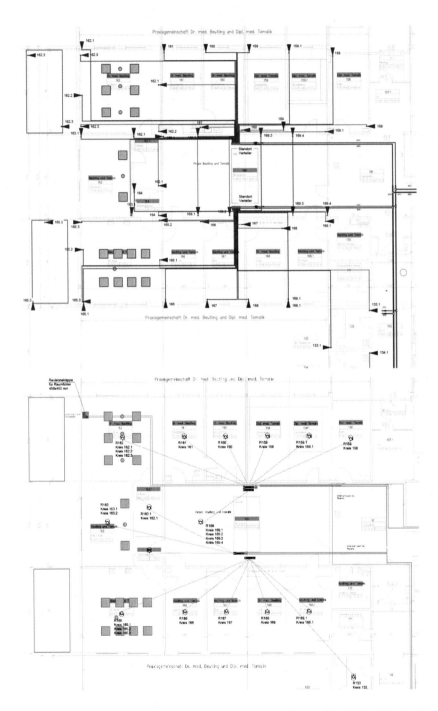

Bild 3-1   Strang-, Elektro-Planung für abgeschlossene Planungsabschnitte (Quelle: GeoClimaDesign AG).

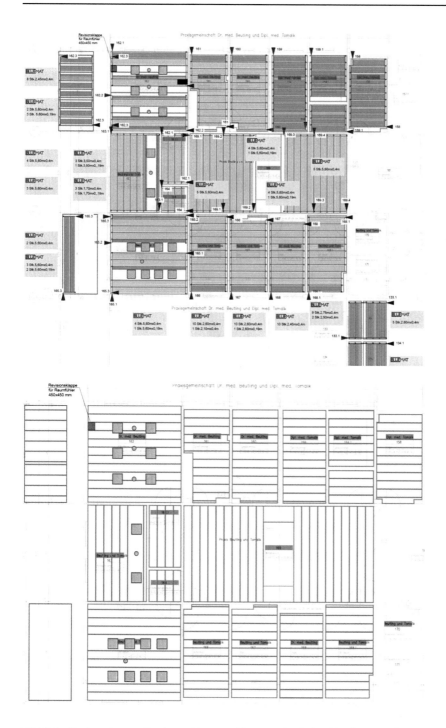

Bild 3-2 Deckenplanung für abgeschlossene Planungsabschnitte (Quelle: GeoClimaDesign AG).

3.2   Schritt 2 – Einteilung der Arbeitsschritte

Im zweiten Schritt wird die Reihenfolge des Einbaus festgelegt, sowohl für das Strangnetz, als auch für die Praxen. Das Strangnetz für die Etagen und Flure wird zuerst und abschnittsweise verlegt und anschlussbereit gemacht. Danach kann die Arbeit in den Praxen beginnen. Der Urlaubsplan der Praxen wurde abgefragt und die Montagezeit für die jeweiligen Flure und Praxen genau in den Urlaubskalender eingepasst.

Bild 3-3   Innenraum vor der Sanierung (Foto: GeoClimaDesign AG).

Die Montagezeit pro Praxis dauerte für die drei Gewerke Trockenbau, Elektro und Heizkühldecke:

- Praxisfläche kleiner 100 m^2 eine Woche Montagezeit
- Praxisfläche bis zu 300 m^2 zwei Wochen Montagezeit

Dabei konnten die Arbeiten während der Urlaubszeit problemlos durchgeführt und abgeschlossen werden.

3.3   Schritt 3 – Anschluss ans Netz

Im dritten Schritt wurden die Anschlüsse der fertigen Praxen ans Netz im Flur erledigt. Sobald ein Flur am Netz war, konnte dieser abschließend renoviert werden.

Bild 3-4   Renovierte Flure (Foto: GeoClimaDesign AG).

Der Einklang der Heizsystemerneuerung mit der klassischen Arbeit der Raumrenovierung ist eine Schlüsselerkenntnis für alle Beteiligten. Sie belegt, dass jede Renovierung Gelegenheit und Zeit für eine energetische Sanierung bietet.

4   Mehrfachnutzen Raumklima

Neben den Raumklimabedingungen sind auch die innenarchitektonischen und hygienischen Verbesserungen in die Aufmerksamkeit gerückt. Insbesondere diese haben einen erheblichen Einfluss auf die vom Mieter augenblicklich wahrgenommene Wertsteigerung der Mieträume.

Bild 4-1   Renovierte Wartebereiche ohne störende Heizkörper (Foto: GeoClimaDesign AG).

Das BCG regelt unter anderem das Mietrecht für Wohn- und Gewerberäume. In § 555b BGB werden Modernisierungsmaßnahmen benannt, welche gemäß § 559 BGBauf die

Miete zu 11 % umlagefähig sind. Zu den Modernisierungsmaßnahmen zählen unter anderem:

- Die Senkung des Endenergiebedarfs.
- Die Senkung des Primärenergieverbrauchs.
- Die Steigerung des Gebrauchswertes (in diesem Beispiel insbesondere durch die Kühlfunktion für alle Räume).
- Die Verbesserung der allgemeinen Wohnverhältnisse auf Dauer (in diesem Beispiel insbesondere durch die Vermeidung von Staub, Zugerscheinungen und Geräusche).

Bild 4-2   Renovierter Eingangsbereich (Foto: GeoClimaDesign AG).

Im vorliegenden Beispiel sind also durch eine einzige energetische Maßnahme, dem Austausch der Heizkörper durch eine Deckenheizung und –kühlung, mehrere mieterfreundliche Neuerungen umgesetzt worden, wodurch eine Mietpreissteigerung auch leichter zu rechtfertigen ist. Insbesondere die stille Kühlung hat sich in der Praxis als Maßnahme mit großem Mehrwert erwiesen. Sie wird gern von Mietern angenommen, da sie Behaglichkeit und Mitarbeitergesundheit vereint. Hiervon sind vor allem Wohn- und Gewerbeimmobilien als auch Gebäudekomplexe wie Ärztehäuser betroffen.

5   Fazit

Es lässt sich abschließend festhalten, dass sich die Energieeinsparung im Plattenbau wirtschaftlich über den Austausch des Wärmeverteilsystems lösen lässt. Sie ist warmmietenneutral umsetzbar und der bewohnte Zustand ist kein Hindernis. Dabei ist die Änderung von Wärmeverteilsystemen von Heizkörper auf Niedertemperatursysteme die wichtigste Voraussetzung, um die Wärmepumpe in der Gebäudesanierung wirtschaftlich einzusetzen. Damit ist das Klimaziel 2050 mit dem großflächigen Ausbau der Sektorkopplung durch Wärmepumpeneinsatz erfüllbar.

6   Literatur

[1]   Gerbert, P. et al.: Klimapfade für Deutschland. The Boston Consulting Group und
       Prognos AG, München 2018.

Systematisierte Instandhaltungsplanung für Sakralbauten – Bewahrung und Anpassung

Dipl.-Ing. David Schiela[1], Dipl.-Ing. Benno Günther[2]

1 Leibniz-Institut für ökologische Raumentwicklung, Forschungsbereich Umweltrisiken in der Stadt- und Regionalentwicklung, Weberplatz 1, 01217 Dresden, Deutschland

2 GB1 Ingenieure, Büro für Gebäude, Baukonstruktion und Schadensanalyse GmbH, Friedrich-Hegel-Str. 29, 01187 Dresden, Deutschland

Die beiden großen Kirchen in Deutschland verfügen über einen umfangreichen Gebäudebestand, der sich in Sakralbauten und nicht-sakrale Zweckbauten, wie Pfarrhäuser, Kirchgemeindehäuser und Verwaltungsgebäude, gliedert. Die bauliche Instandhaltung der Gebäude erweist sich aufgrund der stetig sinkenden Mitgliederzahlen und der hierdurch veränderten finanziellen Randbedingungen zunehmend als eine große Herausforderung für jede einzelne Kirchgemeinde. Von der Evangelisch-Lutherischen Landeskirche Sachsens wurden mit Blick auf diese Entwicklungen wirtschaftliche Randbedingungen zur langfristigen Erhaltung und Sicherung der unbedingt notwendigen Gebäude in einer kirchgemeindlichen Gebäudekonzeption festgesetzt [1]. Ein wirtschaftlich sinnvoller Einsatz setzt jedoch eine gezielte Priorisierung und Planung von Investitionen voraus. Hierzu wurde im Rahmen einer Diplomarbeit die Möglichkeit einer systematisierten Instandhaltungsplanung abgegrenzt.

Schlagwörter: Sakralbauten, nicht-sakrale Zweckbauten, Gebäudekonzeption, Lebenserwartung von Bauteilen, Bauzustandserkundung, Instandhaltungsplanung

1   Motivation

Sakralbauten prägen aufgrund ihrer religiösen Bedeutung und facettenreichen Architektur vielfach Ortsbilder sowie die heutigen Kulturlandschaften. Jedes Bauwerk weist dabei seine eigene Historie, überwiegend mit Bezug zur regionalen Prägung, auf [2]. Neben den Sakralbauten verwaltet die Evangelisch-Lutherische Landeskirche in Sachsen ebenso einen umfangreichen Gebäudebestand an nicht-sakralen Zweckbauten, wie Kirchgemeindehäuser, Pfarrhäuser und Verwaltungsgebäude. Als Lebens- und Glaubenszeugnisse sind sowohl die sakralen als auch die nicht-sakralen Bauten elementare Bestandteile für die tägliche Arbeit in einer Kirchgemeinde.

Durch äußere Einflüsse und Alterungsprozessen entstehen an den Gebäuden stets vielfältige Schäden, welche das Erscheinungsbild und die Gebrauchstauglichkeit zum Teil erheblich beeinträchtigen können. Infolge fortschreitender gesellschaftlicher Entwicklungen ändern sich zudem auch die Nutzungsanforderungen. Folglich müssen Kirchgemeinden regelmäßig Investitionen für Instandhaltungsmaßnahmen tätigen, damit die Funktionsfähigkeit der Gebäude und somit der Verkündigungsdienst stets gewährleistet werden kann. Demgegenüber stellen die stetig sinkenden Mitgliederzahlen, der demografische

Wandel, Land-Stadt-Wanderungen und die hierdurch veränderten finanziellen Randbedingungen die Kirchgemeinden im Umgang mit der Gebäudeinstandhaltung zunehmend
vor eine große Herausforderung. Mit Blick auf diese Entwicklungen wurde von der Evangelisch-Lutherischen Landeskirche Sachsens eine Konzeption zur langfristigen Erhaltung
und Sicherung der unbedingt notwendigen Gebäude erarbeitet [1]. Da die Anzahl der vorhandenen Gebäude den tatsächlichen Bedarf übersteigt, werden darin unter anderem wirtschaftliche Randbedingungen für die zu erhaltenen Gebäude definiert.

Mit Blick in die Vergangenheit ist festzustellen, dass in der Praxis Instandhaltungsmaßnahmen vielfach erst dann durchgeführt werden, wenn Schäden bereits in großem Umfang eingetreten sind. Das Risiko von Folgeschäden und entsprechenden Folgekosten ist
zu diesem Zeitpunkt bereits verhältnismäßig hoch. Weiterhin ist zunehmend zu beobach-
ten, dass die für die Instandhaltung erforderlichen finanziellen Rückstellungen häufig
nicht in ausreichender Höhe bestehen oder geeignete Handwerksbetriebe einfach ausgelastet sind, sodass Baumaßnahmen erst zu einem späteren Zeitpunkt durchgeführt werden
können. Aus diesem Grund bedarf es einer langfristigen sowie priorisierten Planung, damit die baulichen, kulturellen sowie religiösen Gebäudewerte nachhaltig gesichert werden können.

Im Rahmen einer Diplomarbeit wurde die Thematik (i) der systematisierten Bauzustandserkundung [3] und darauf aufbauend (ii) der Instandhaltungsplanung [4] betrachtet. Die
Thematik stellt ein wesentliches Erweiterungsinstrument für die Gebäudekonzeption dar,
um Kirchgemeinden bei der Erhaltung und Sicherung ihres wertvollen Gebäudebestands
praktisch zu unterstützen. Ziel war die Erarbeitung einer allgemeingültigen Methodik, bei
der auf der Grundlage einer systematisierten Bauzustandserkundung zukünftige Instand-
haltungserfordernisse aufgezeigt, kostenmäßig erfasst und priorisiert werden können, um
eine zielgerichtete Bau- und Investitionsplanung zu ermöglichen.

2   Sakralbauten – Gebäudecharakteristik

Sakralbauten sind seit Menschengedenken wichtige Elemente des kulturellen Schaffens.
Durch ihre charakteristische Baukunst prägen sie seit Jahrtausenden vielfältig und flä-
chendeckend Kulturlandschaften. Aufgrund der besonderen Bedeutung und Wirkung bilden Sakralbauten auch den Mittelpunkt für die hier beschriebene Instandhaltungsplanung.

Um den Verkündigungsdienst in einer Kirchgemeinde zu erfüllen, sind besonders die
Kirchengebäude von existentieller Bedeutung. Kirchengebäude sind im Allgemeinen
durch die Verbindung von Architektur, Theologie und Zeitgeschichte charakterisiert [5].
So verweisen beispielsweise die Gestaltungselemente, die sich vom Äußeren bis ins Kir-
cheninnere erschließen, auf religiöse Überlieferungen oder biblische Inhalte.

Die Architektur und Baukunst der Sakralbauten hat sich im Laufe der Zeit ständig verändert und weiterentwickelt. Beeinflusst wurden diese Veränderungen durch politische, gesellschaftliche, weltanschauliche und religiöse Vorstellungen sowie durch neue Bauweisen [6]. Für die Entwicklung einer allgemeingültigen Methodik zur langfristigen und priorisierten Instandhaltungsplanung war es daher besonders wichtig, jedes Kirchengebäude aus dem umfangreichen Gebäudebestand stets als Einzelbauwerk zu betrachten. Sakralbauten sind im Allgemeinen durch verschiedene und teilweise vermischte Baustile geprägt, da bei der Erneuerung oder Veränderung eines Bauwerks häufig Stilelemente eingefügt wurden, die das historische Erscheinungsbild veränderten. Jedes Kirchengebäude ist somit im Erscheinungsbild und in der Bauweise einzigartig und individuell.

Die Kubatur einer Kirche wird im Regelfall durch den Kirchturm, das Kirchenschiff, den Chor und ggf. durch Sakristeien charakterisiert. In den einzelnen Gebäudeteilen können Gründungs-, Wand-, Decken- sowie Dachkonstruktionen grundlegend unterschiedlich ausgeführt sein, sodass diesbezüglich zwingend eine Differenzierung vorgenommen werden muss. Ergänzend sei an dieser Stelle erwähnt, dass bei der Instandhaltung auch besondere Ausstattungselemente einer Kirche, wie Altar, Orgel sowie Glocken, zu berücksichtigen sind. Bei der Instandhaltung und Pflege dieser Elemente werden die Kirchgemeinden jedoch bereits durch Sachverständige der Landeskirche unterstützt, sodass die Ausstattungselemente im Rahmen der Diplomarbeit nicht vertiefend betrachtet wurden.

3   Lebenserwartung von Bauteilen

Für eine langfristige Instandhaltungsplanung ist die Lebenserwartung eines Gebäudes von Bedeutung. Die Lebenserwartung eines Gebäudes wird dabei maßgebend von den Lebenserwartungen der Einzelbauteile bestimmt. Jedes Bauteil besitzt nach seiner Fertigstellung eine Gebrauchs- und Funktionsfähigkeit, welche während der gesamten Lebenszeit durch eine materielle (siehe Bild 3-1) sowie durch eine immaterielle Alterung abgebaut wird. Die immaterielle Alterung hat dabei maßgebenden Einfluss auf die wirtschaftliche Nutzungsdauer eines Gebäudes. Insbesondere finanzielle Randbedingungen, technische Fortschritte und aktuelle Nutzungsanforderungen sind häufige Ursachen für eine Begrenzung der wirtschaftlichen Lebenserwartung. In der hier beschriebenen Instandhaltungsplanung wird jedoch die wirtschaftliche Nutzungsdauer nur untergeordnet betrachtet und der Fokus auf die materielle Alterung eines Bauteils gelegt.

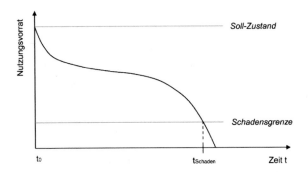

Bild 3-1 Theoretische Entwicklung des Nutzungsvorrats von einem Bauteil.

Erreicht ein Bauteil die materielle Schadensgrenze, so ist das Ende seiner Lebensdauer erreicht. Der Aufwand für eine Bauteilneuherstellung ist zu diesem Zeitpunkt geringer als der Aufwand für eine Bauteilerhaltung [7]. Das Erreichen der Schadensgrenze ist somit mit dem Verlust wertvoller und denkmalgeschützter Bausubstanz verbunden.

Die Lebensdauer eines Bauteils wird von vielfältigen Parametern beeinflusst. So kann bei regelmäßiger Wartung und Pflege die übliche Lebenserwartung weit überschritten werden. Weiterhin sind die tatsächlichen Beanspruchungen aus den äußeren Einflüssen sowie aus der Gebäudenutzung entscheidende Parameter, die die Lebenserwartung beeinflussen können. Insgesamt spielt auch die Gesamtqualität des Bauteils, welche maßgeblich von der Planungs-, Material- und Ausführungsqualität bestimmt wird, ein entscheidendes Kriterium. So haben massive Kirchenbauwerke mit einem geringen Installationsgrad grundsätzlich eine hohe Lebenserwartung. Ist ein Bauteil für die Funktion eines anderen Bauteils zwingend erforderlich, so gehen die beiden Bauteile eine sogenannte „Schicksalsgemeinschaft" ein. Die Lebensdauer des einen Bauteils hängt somit maßgeblich von der Lebenserwartung des anderen Bauteils ab. Ist beispielsweise die Lebenserwartung eines Dachstuhls erreicht, so wird dies gravierende Folgen für die Lebenserwartung der Dachdeckung haben.

4   Instandhaltungsplanung

Ziel der Instandhaltungsplanung ist die Erfassung und Dokumentation von zukünftigen Instandhaltungserfordernissen sowie die Bewertung der daraus resultierenden Maßnahmen hinsichtlich der zeitlichen Umsetzungspriorität und des Investitionsaufwandes [4].

Um ein systematisches Vorgehen zu ermöglichen, wurden zunächst fünf charakteristische Untersuchungsbereiche für den Gebäudebestand der Evangelisch-Lutherischen Landeskirche Sachsens klassifiziert:

- Untersuchungsbereich 1 – Dach
- Untersuchungsbereich 2 – Fassade
- Untersuchungsbereich 3 – Kellergeschoss
- Untersuchungsbereich 4 – Innenraum
- Untersuchungsbereich 5 – Befestigte Außenanlagen

Zu den einzelnen Untersuchungsbereichen wurden anschließend charakteristische Bauteile definiert, die mit ihren Merkmalen, Eigenschaften und Schadensanfälligkeiten die Basis für die Instandhaltungsplanung bilden. Aufgrund von Bauteilunterschieden zwischen den untersuchten Gebäudetypen wurde eine Differenzierung zwischen Sakralbauten und nicht-sakralen Zweckbauten vorgenommen. Die nachfolgende Abbildung zeigt dazu beispielhaft für Sakralbauten die in den einzelnen Untersuchungsbereichen zu untersuchenden Bauteile:

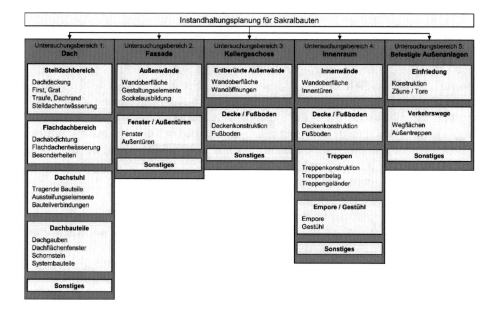

Bild 4-1 Klassifikation der Untersuchungsbereiche für Sakralbauten.

Für die praktische Anwendung wurde die Methodik weiterhin in vier Teilschritte untergliedert:

- Schritt 1 – Allgemeine Gebäudebeschreibung
- Schritt 2 – Inspektion
- Schritt 3 – Instandhaltungsplan
- Schritt 4 – Priorisierter Maßnahmenplan

Schritt 1 – Allgemeine Gebäudebeschreibung

Im ersten Schritt der Instandhaltungsplanung werden die für eine Instandhaltungsplanung wichtigsten Gebäudeinformationen zusammengestellt. Dazu zählen insbesondere die Bauzeit, die Zeitpunkte der letzten Umbaumaßnahmen, die Zeitpunkte der letzten grundhaften Sanierungen und die gebäudespezifischen Baukonstruktionen [8]. Grundlage hierfür bilden bauhistorische sowie baukonstruktive Bestandsaufnahmen. Besonders vorliegende Planunterlagen, Bilder, historische Schriften, denkmalschutzrechtliche Bestimmungen und mündliche Überlieferungen sind wichtige Bestandteile der Analyse. Vorhandene Planunterlagen sowie vor Ort durchgeführte Bestandsaufnahmen bilden weiterhin eine wesentliche Grundlage für eine denkmalgerechte Instandhaltung und ermöglichen bei Bedarf zusätzlich die Rekonstruktion der historischen Bausubstanz [3, 9].

Schritt 2 – Inspektion

In einem zweiten Schritt werden im Rahmen einer Ortsbesichtigung verschiedene Verfahren der Bauzustandserkundung an frei zugänglichen und sichtbaren Baukonstruktionen durchgeführt. Dabei werden ausschließlich zerstörungsfreie Methoden, wie die Inaugenscheinnahme, das Befühlen, Klopfproben sowie verschiedene Messverfahren, angewendet. Für den Schritt der Inspektion wurden im Rahmen der Diplomarbeit Formblätter erstellt, um eine bauteilbezogene Erkundung des Gebäudes zu ermöglichen. Die vor Ort festgestellten Problempunkte werden in den Formblättern durch den Bearbeiter schriftlich erfasst und durch fotografische Aufnahmen ergänzt. Sind die Ergebnisse der Inspektion nicht eindeutig oder unzureichend, so wird zusätzlich der Bedarf für vertiefende Untersuchungen in den Formblättern dokumentiert.

Nachdem der Ist-Zustand der Baukonstruktionen untersucht und erfasst wurde, wird dieser bewertet. Hierfür wurde ein Bewertungssystem mit Noten zwischen 1 und 5 erarbeitet, sodass die Kirchgemeinden einen einfachen und systematischen Überblick über den Bauzustand der untersuchten Gebäude erhalten. Zudem besteht die Möglichkeit, eine vergleichende Beurteilung mehrerer Gebäude vorzunehmen, damit innerhalb einer Kirchgemeinde Investitionsprioritäten festgelegt werden können. Grundlage für die hier gewählte Bewertung bildet ein Bewertungssystem aus der Literatur, welches durch eine verbale Beschreibung ergänzt wurde, um die Subjektivität der Bewertung zu reduzieren [10]. Die nachfolgende Tabelle stellt das ergänzte Bewertungssystem dar:

Tabelle 4-1 Matrix zur Bewertung des Bauzustandes.

Note	Zustand	Verschleiß [%]	Verbale Beschreibung
1	Sehr gut	0…10	- überdurchschnittlicher Zustand - keine Problempunkte feststellbar - Bauteil im Neuzustand
2	Gut	11…25	- Überdurchschnittlicher Zustand - normale Abnutzung (Gebrauchsspuren, Verschmutzungen)
3	Durchschnittlich	26…50	- durchschnittlicher Zustand - einzelne Problempunkte feststellbar
4	Mangelhaft	51…80	- unterdurchschnittlicher Zustand - einige Problempunkte feststellbar - Gefahr von Folgeschäden
5	Ungenügend	81…100	- schlechter Zustand - Vielzahl an Problempunkten feststellbar - Bauteil nicht funktionstüchtig

Die aufgeführten Noten werden zunächst für die in Bild 4.1 dargestellten Bauteile vergeben. Anschließend werden für das Gebäude Gesamtnoten berechnet. Hierfür werden die ermittelten Durchschnittsnoten der Untersuchungsbereiche zusätzlich mit Wichtungen versehen, um die baukonstruktive Bedeutung des Daches sowie der Fassade zu berücksichtigen:

Tabelle 4-2 Wichtungskonstanten für die Berechnung der Gesamtzustandsnote.

Untersuchungsbereich	Wichtung
1 – Dach	3
2 – Fassade	2
3 – Kellergeschoss	1
4 – Innenraum	1
5 – Befestigte Außenanlagen	1

Schritt 3 – Instandhaltungsplan

In einem dritten Schritt werden die bei der Ortsbesichtigung dokumentierten Problempunkte sowie der Bedarf an vertiefenden Untersuchungen in vorbereiteten Formblättern zusammengefasst. Zudem werden die aufgeführten Feststellungen durch fotografische Aufnahmen ergänzt und die Priorität für eine Instandhaltung aufgezeigt. Die nachfolgende Tabelle stellt die gewählten Umsetzungsprioritäten dar:

Tabelle 4-3   Zeitliche Priorität für Instandhaltungsmaßnahmen.

Priorität [-]	Zeitraum [Jahre]	
	von	bis
Sofort	0	0
Kurzfristig	0	2
Mittelfristig	2	10

Die aufgeführten Prioritäten werden durch die Erfahrungswerte des Bearbeiters sowie unter Zuhilfenahme der folgenden Kriterien festgelegt:

– Allgemeine Zustandsnote des Bauteils
– Restlebensdauer des Bauteils
– Beeinträchtigung der Gebäudenutzung
– Erhöhte Gefahr von Folgeschäden

Im Anschluss werden auf der Grundlage der festgestellten Problempunkte die notwendigen Instandhaltungsmaßnahmen empfohlen. Die Maßnahmen werden weiterhin durch eine Kostenschätzung, welche auf Erfahrungswerten sowie Literaturangaben beruht, unterlegt [11]. Für Sakralbauten ist außerdem zu beachten, dass die oben aufgeführten Zeiträume ggf. nicht ausreichend sind. So werden in der Instandhaltungsplanung ebenso langfristige Maßnahmen aufgeführt. Bei diesen Maßnahmen wird jedoch auf eine Kostenschätzung verzichtet, da diese nach Ansicht der Bearbeiter bis maximal 10 Jahre realistisch getätigt werden kann.

Schritt 4 – Priorisierter Maßnahmenplan

Aufbauend auf den vorangegangenen Schritten wird im 4. Schritt der priorisierte Maßnahmenplan für die Kirchgemeinde erstellt. Eine Übersicht zeigt dabei eine Auflistung der empfohlenen Maßnahmen, die nach der festgelegten Umsetzungspriorität gegliedert werden. Die Kirchgemeinden können mit Hilfe dieser Zusammenstellung die Investitionskosten für zukünftige Baumaßnahmen planen und koordinieren. Die Instandhaltungsplanung trägt somit zu einer langfristigen Planungs- und Kostensicherheit bei.

5   Beispielanwendungen

Zur Erprobung der Methodik wurden innerhalb der Diplomarbeit drei Referenzgebäude ausgewählt und untersucht. Es handelte sich dabei um drei Kirchengebäude aus dem Gebäudebestand der Evangelisch-Lutherischen Landeskirche Sachsens, die sich hinsichtlich der Architektur und der Baukonstruktionen unterscheiden. Die Methodik der systematisierten Instandhaltungsplanung konnte somit unter verschiedenen Randbedingungen erprobt und angewendet werden.

Tabelle 5-1   Überblick über die ausgewählten Referenzgebäude.

Gebäudebezeichnung	Bauzeit	Merkmale	Gebäudeteile
Friedenskirche Dresden-Löbtau	1890/91	Natursteinbau mit neoromanischen und neogotischen Stilelementen	- Kirchturm - Kirchenschiff - Chor - Flachdachbau
St.-Nikolai-Kirche zu Constappel	1885	- Natursteinbau mit neoromanischen Stilelementen - Bemalte Holzdecke über dem Kirchenschiff	- Kirchturm - Kirchenschiff - Chor - Sakristeien mit Logen
Kirche von Burkhardswalde	Um 1450	Natursteinbau mit gotischen Stilelementen	- Glockenturm - Kirchenschiff mit Mittelschiff und Seitenschiffe - Chor - Sakristeien

An allen drei Kirchengebäuden wurden im Laufe der Zeit Neubau-, Umbau- und Erweiterungsmaßnahmen durchgeführt. Die Ursachen hierfür konnten in der Regel auf veränderten Nutzungsanforderungen sowie auf Kriegszerstörungen zurückgeführt werden. Weiterhin wurden bei allen Gebäuden in der Vergangenheit vielfältige Sanierungsmaßnahmen durchgeführt, um stets einen definierten Soll-Zustand gewährleisten zu können.

Für den in der Methodik festgelegten ersten Schritt der allgemeinen Gebäudebeschreibung wurde im Vorfeld der Ortsbesichtigung eine Literatur- und Internetrecherche durchgeführt, um erste bauhistorische Gebäudeinformationen in die Methodik aufzunehmen. Bei der praktischen Anwendung zeigte sich jedoch, dass viele Informationen erst vor Ort erfasst werden können. Insbesondere in persönlichen Gesprächen mit den zuständigen Ansprechpartnern wurden vielfältige Informationen über die Kirchengebäude gewonnen. Neben den bauhistorischen Informationen konnten auch einige Problempunkte mit den

Gebäudenutzern diskutiert werden. Aus diesem Grund ist es für die zukünftige Anwendung zu empfehlen, den Schritt der allgemeinen Gebäudebeschreibung parallel mit dem zweiten Schritt der Inspektion vor Ort zu erarbeiten.

Im Schritt der Inspektion wurden die frei zugänglichen und sichtbaren Baukonstruktionen der Gebäude visuell begutachtet. Dabei zeigte sich auf, dass dies ein praktisches Verfahren ist, um mit minimalen Aufwand einen Gesamtüberblick über den Gebäudezustand zu bekommen. In nachfolgender Tabelle sind beispielhaft einige Schadensschwerpunkte an den Referenzgebäuden zusammengestellt:

Tabelle 5-2 Zusammenstellung ausgewählter Schadensschwerpunkte an den Referenzgebäuden.

Gebäudebezeichnung	Schadensschwerpunkte
Friedenskirche Dresden-Löbtau	- Farbabplatzungen und Feuchteprobleme im Flachdachanbau - Anstrich der Holzbauteile stark verwittert - lose Mauerwerksfugen, verschiedene Rissbilder
St.-Nikolai-Kirche zu Constappel	- Farb- und Putzabplatzungen im Sockelbereich - Anstrich der Holzbauteile verwittert
Kirche von Burkhardswalde	- Putzabplatzungen, lose Mauerwerksfugen im Sockelbereich - Anstrich der Holzbauteile stark verwittert - Verschiedene Rissbilder an der Außenwand einer Sakristei

Auf der Grundlage der Schadenserfassung und -bewertung wurden im Anschluss die erforderlichen Baumaßnahmen im Instandhaltungsplan empfohlen, kostenmäßig erfasst und zeitlich priorisiert. Die nachfolgende Abbildung zeigt dazu beispielhaft einen Auszug aus dem Instandhaltungsplan für die Friedenskirche in Dresden-Löbtau.

Untersuchungsbereich: 1 - Dach

Abb. 1.4   Abb. 1.5   Abb. 1.6

Nr.:	Bauteil	Zusammenfassung Inspektion		Weiterer Untersuchungsbedarf	empfohlene Maßnahmen			Kostenschätzung
1.2 Flachdachbereich								
1.2.1	Dachabdichtung	*Allgemeinzustand:*			*LE [a]:* 20		*RLE [a]:*	
		Bituminöse Abdichtung (Abb. 1.4) auf Flachdachbereich des Anbaus; Feuchteprobleme im Inneren (Abb. 1.5 und Abb.1.6)		Erneute Begutachtung des Flachdachbereichs				
		Verschmutzungen und Ablagerungen auf Dachoberfläche			Reinigung der Dachflächen			100,00 €
1.2.2	Flachdach-entwässerung	*Allgemeinzustand:* 2			*LE [a]:* 50		*RLE [a]:* 34	
		Verschmutzungen und Ablagerungen in der vorgehängten Dachrinne			Jährliche Reinigung der Dachrinnen			50,00 €

Bild 5-1 Auszug aus dem Instandhaltungsplan für die Friedenskirche Dresden-Löbtau.

Bei der praktischen Anwendung konnte weiterhin festgestellt werden, dass in der Übersicht zum priorisierten Maßnahmenplan neben zukünftigen Baumaßnahmen auch Baumaßnahmen aus der Vergangenheit aufgeführt werden sollten. Diese vervollständigen die Methodik der Instandhaltungsplanung und können als Erfahrungswerte für die zukünftigen Instandhaltungsmaßnahmen verwendet werden.

6   Fazit

Sakralbauten und nicht-sakrale Zweckbauten sind für Kirchgemeinden bedeutende und existentielle Bauwerke. Jedes Gebäude weist seine eigene Historie und regionale Prägung auf und ist in seinem Gesamterscheinungsbild einzigartig und individuell. Die nachhaltige Erhaltung und Sicherung der Gebäude wird zukünftig immer mehr an Bedeutung gewinnen, da Instandhaltungen trotz veränderter finanzieller Randbedingungen weiterhin durchgeführt müssen, um die kirchliche Arbeit zu jeder Zeit gewährleisten zu können.

Auf der Grundlage der Gebäudekonzeption stellt die Methodik der Instandhaltungsplanung ein wichtiges Instrument dar, um die unbedingt notwendigen Gebäude nachhaltig zu sichern und zu erhalten. Neben der wirtschaftlichen Betrachtung kann somit für jedes Gebäude zusätzlich eine langfristige und priorisierte Bauplanung vorgenommen werden, wodurch Baumaßnahmen mit den erforderlichen Handwerksbetrieben langfristig geplant und koordiniert werden können.

In der praktischen Anwendung stellte sich die Differenzierung zwischen Kirchturm, Kirchenschiff und Chorraum als vorteilhaft heraus, da Baumaßnahmen in der Praxis häufig unterschieden nach diesen Gebäudeteilen geplant und durchgeführt werden. Das systematische Vorgehen in vier Teilschritten erwies sich bei der Erprobung als praktisch umsetzbar. Für die zukünftige Anwendung ergibt sich jedoch die Fragestellung, welche Personengruppen die Systematik durchführen. Grundsätzlich können die Inspektionen durch Kirchgemeindemitglieder mit einem grundlegenden Bauwissen durchgeführt werden. Bei der anschließenden Auswertung und Bewertung der Ergebnisse sind jedoch unbedingt Baupfleger, Architekten sowie Ingenieure hinzuziehen.

In der weiteren Entwicklungsphase gilt es außerdem zu diskutieren, inwieweit für den umfangreichen Gebäudebestand eine Bauwerksdatenbank, basierend auf der entwickelten Methodik, vorteilhaft wäre, um die Übersichtlichkeit für die Bearbeiter aus der Landeskirche, aus den Regionalkirchenämtern sowie aus den Kirchgemeinden zu optimieren. Durch eine Optimierung der Übersichtlichkeit wäre es zudem möglich, die Instandhaltungsplanung durch die Untersuchungsbereiche „Haustechnik" und „Ausstattungselemente" zu erweitern, um das untersuchte Gebäude als Gesamtwerk zu betrachten.

7   Literatur

[1]   Evangelisch-Lutherische Landeskirche Sachsens (Hrsg.): Leitfaden zur Erstellung einer kirchgemeindlichen Gebäudekonzeption, 2015.

[2]   Dresdner Geschichtsverein e.V. (Hrsg.): Gottes Häuser – Dresdner Kirchen im Wandel, Dresdner Hefte, 29 Jahrgang, Heft 106, 2/2011.

[3]   Kastner, R.: Altbauten Beurteilen und Bewerten, 2., überarbeitete Auflage, Stuttgart, Fraunhofer IRB Verlag, 2004.

[4]   Krolkiewicz, H. J.; Hopfensperger, G.; Spöth, H.: Der Instandhaltungsplaner, 1. Auflage, München, Rudolf Haufe Verlag GmbH & Co. KG, 2009.

[5]   Stegers, R.: Entwurfsatlas Sakralbau, Basel, Boston, Berlin, Birkhäuser Verlag AG, 2008, Seite 10.

[6]   Schenk, M.: Europäische Baustile, 2. Auflage, Haan-Gruiten, Verlag Europa-Lehrmittel, Nourney, Vollmer GmbH & Co. KG, Seite 3.

[7]   Bund Technischer Experten e.V. (Hrsg.): Agethen, U.; Frahm, K.J.; Renz, F.; Thees, E.P.: Arbeitsblatt der BTE-Arbeitsgruppe: Lebensdauer von Bauteilen, Zeitwerte.

[8]   Ahnert, R; Krause, K.H.: Typische Baukonstruktionen von 1860 bis 1960, Band I-III, 7. Auflage, Berlin, Beuth, 2009.

[9]   Klein, U.: Bauaufnahme und Dokumentation, Stuttgart, München: Deutsche Verlagsanstalt, 2001.

[10]   Stahr, M. (Hrsg): Bausanierung – Erkennen und Beheben von Bauschäden, 4.,
        vollständig überarbeitete und aktualisierte Auflage, Wiesbaden, Vieweg+Teubner
        | GWV Fachverlage GmbH, 2009, Seite 8.

[11]   BKI Baukosteninformationszentrum (Hrsg.): BKI Baukosten 2016 Altbau: Statis-
        tische Kostenkennwerte für Gebäude, Stuttgart, BKI, 2016.

[12]   DIN 31051:2012-09: Grundlagen der Instandhaltung.

Das Raumbuch in der Denkmalpflege – ein Werkzeug zur Dokumentation und zur Kostenermittlung

Dipl.-Ing. Manfred von Bentheim[1]

1 Architekt VFA, ö.b.u.v. Sachverständiger, Scheidertalstraße 202, 65232 Taunusstein-Wingsbach, Deutschland

Der folgende Beitrag will aufzeigen, welche Aufgaben dem Raumbuch in der Dokumentation von Projekten in der Denkmalpflege zukommen und welche Rolle dem Raumbuch bei der Kostenplanung und -verfolgung zukommen kann.

Dabei werden technische Kriterien und wirtschaftliche Kriterien berücksichtigt, rechtliche Ausführungen werden nicht gemacht.

Schlagwörter: Denkmal, Raumbuch, Instandsetzung, Bestandsaufnahme, Kostenermittlung, Kostenkontrolle, Wirtschaftlichkeit

1   Begriffsbestimmungen und Grundlagen

1.1   Grundlagen

Das Raumbuch ist unterteilt in Fassadenbuch, Raumbuch und Gespärrebuch. Dabei werden im Fassadenbuch alle wichtigen Details zur Fassade notiert. Das Raumbuch umfasst alle Geschosse, einschließlich Kellergeschoss, während das Gespärrebuch nur dem Dachgeschoss vorgestaltet ist. Nach dieser Systematik ist auch die Plananlage geordnet, die an das Raumbuch anschließend beigeheftet wird. Die Seiten sind pro Raum nummeriert.

Die Fassaden sind nach den Himmelsrichtungen benannt (Nordfassade, Ostfassade, Südfassade, Westfassade) und werden in die Bereiche Keller, Erdgeschoss, Obergeschosse, Dachgeschoss und Dach gegliedert.

In den Grundrissebenen werden die Räume von Norden beginnend im Uhrzeigersinn nummeriert. Die Bezeichnung der Wände wird analog vorgenommen, pro Raum mit Kleinbuchstaben und beginnend im Norden. Die Fußböden und Decken werden extra behandelt.

Die Fenster werden nach Raum, Wand und Anzahl der Fenster im Uhrzeigersinn benannt. Die Türen sind nach Räumen bezeichnet, die miteinander verbunden werden: zuerst der Raum, von dem aus man die Tür in den anderen Raum öffnet. Bei Außentüren wird nur die Raumnummer und Wandbezeichnung angegeben.

© Springer Fachmedien Wiesbaden GmbH, ein Teil von Springer Nature 2018
B. Weller und L. Scheuring (Hrsg.), *Denkmal und Energie 2019*,
https://doi.org/10.1007/978-3-658-23637-3_8

Das Dachwerk ist in einzelne Gespärre unterteilt, deren Nummerierung von Ost nach West sich an den Abbundzeichen orientiert. [1]

1.2   Definitionen

Instandsetzung

Nach der Definition in der Honorarordnung der Architekten und Ingenieure (HOAI) wird die Instandsetzung in § 2 Absatz 8 HOAI 2013 wie folgt definiert:

(8) Instandsetzungen sind Maßnahmen zur Wiederherstellung des zum bestimmungsgemäßen Gebrauch geeigneten Zustandes (Soll-Zustandes) eines Objekts, soweit diese Maßnahmen nicht unter Absatz 3 [„Wiederaufbauten", der Verf.] fallen.

Reparatur

Bei einer Reparatur handelt es sich um eine Instandhaltung im Sinne der Definition nach § 2 Absatz 9 HOAI 2013:

(9) Instandhaltungen sind Maßnahmen zur Erhaltung des Soll-Zustandes eines Objekts.

Substanzerhaltung

Das Deutsche Nationalkomitee spricht von Substanzerhaltung, was gleichzusetzen ist mit Instandsetzung und/oder Reparatur.

1.3   Wirtschaftlichkeit

Innerhalb der Denkmalpflege wird mit der Instandsetzung bzw. Reparatur historischer Bausubstanz ein elementarer Auftrag des Denkmalschutzes erfüllt. Die Reparatur von Bauteilen ermöglicht die substanzielle und kulturelle Werterhaltung von Baudenkmalen. Bei der Reparatur der qualitativ hochwertigen historischen Bauteile werden des Öfteren historische Materialien und Techniken angewandt, denn diese sind für die lange Lebensdauer historischer Bausubstanz mit verantwortlich.

In den Augen der Eigentümer / Bauherrn ist dies oft nicht wirtschaftlich darstellbar: im Sinne einer nachhaltigen Erhaltung und im Hinblick auf den Lebenszyklus eines Objektes aber durchaus sinnvoll.

2   Das Raumbuch beim Neubau

2.1   Zweckbestimmung

Das Raumbuch dient zum einen dem Planer, bereits im frühen Stadium der Planung über die Einzelheiten der (Bau-)Stoffe und der Ausbauten klar zu werden und seine Vorstellungen zu definieren. Zum anderen ist es aber auch ein Werkzeug des Planers, dem Auftraggeber seine Vorstellungen zu vermitteln und die Vorstellungen und Wünsche des Auftraggebers zu erkennen, zu definieren und über das Raumbuch in die Planung einfließen zu lassen.

Insoweit ergänzt bzw. definiert das Raumbuch die Grundlagen der Planung; im Idealfall entsteht das Raumbuch bereits vor der Vorplanung im Zuge der Grundlagenermittlungen.

2.2   Exkurs: Fragen der Vergütung

Soweit ein Planer Leistungen erbringt, die in der Honorarordnung der Architekten und Ingenieure (HOAI) erfasst sind, ist das Honorar für diese Leistungen nach den Vorschriften der HOAI zu ermitteln.

Vorliegend wird das Raumbuch in folgenden Leistungsbildern als „Besondere Leistung" erwähnt:

Bei dem Leistungsbild „Objektplanung Gebäude und Innenräume":

– bei der Leistungsphase 2 (Vorplanung): „Aufstellen von Raumbüchern"
– bei der Leistungsphase 5 (Ausführungsplanung): „Fortschreiben von Raumbüchern in detaillierter Form"

bei dem Leistungsbild „Fachplanung Technische Ausrüstung":

– bei der Leistungsphase 2 (Vorplanung): „Erstellen des technischen Teils eines Raumbuches"
– bei der Leistungsphase 3 (Entwurfsplanung): „Fortschreiben des technischen Teils des Raumbuches"

Nach den Vorschriften der derzeit geltenden HOAI 2013 wird nach § 3 Absatz 3 das Honorar für die Erbringung der besonderen Leistungen frei vereinbart.

3   Das Raumbuch in der Denkmalpflege

3.1   Zweckbestimmung

Die Ausführungen in Abschnitt 2 gelten grundsätzlich auch bei Objekten der Denkmalpflege; die Besonderheiten beim Bauen im Bestand sind jedoch weitergehender Natur.

Zunächst dient hier das Raumbuch im Zuge der Grundlagenermittlung der Erfassung und Dokumentation des Bestandes und kann zugleich Hinweise auf die Erhaltenswürdigkeit einzelner Bauteile oder Baustoffe enthalten.

Im Zuge der Vorplanung kann das fortgeschriebene Raumbuch die (notwendigen oder gewünschten) baulichen Veränderungen dokumentieren.

Im Zuge der Ausführungsplanung dokumentiert das wiederum fortgeschriebene Raumbuch vor Baubeginn den detaillierten Planungsstand bis hin zur Detailplanung.

3.2   Kostenplanung und Kostenkontrolle

3.2.1   Definitionen

Maßgeblich für die Kostenplanung und Kostenkontrolle sind die Begriffe nach der DIN 276 (in der derzeit geltenden Fassung vom Dezember 2008; DIN 276-1:2008-12).

Dort sind in den Abschnitten 2.4 bis 2.13 insgesamt 14 Begriffe zur Kostenermittlung definiert: Kostenrahmen, Kostenschätzung, Kostenberechnung, Kostenanschlag, Kostenfest-stellung, Kostenkontrolle, Kostensteuerung, Kostenkennwert, Kostengliederung, Kostengruppe, Gesamtkosten, Bauwerkskosten, Kostenprognose und Kostenrisiko.

Dabei fallen nur 2 Kosteninstrumente in den Bereich der Auftraggeberseite: Kostenrahmen und Kostensteuerung (eine Frage der Kostenklarheit), alle übrigen fallen in den Aufgabenbereich des/der Planenden (eine Frage des Kostenbewusstseins).

Die Vielzahl der Kostenermittlungen (die nicht alle für jedes Projekt zutreffen müssen bzw. erforderlich sind) unterstreicht die hohe Wertigkeit und Wichtung im Planungs- und Bauprozess.

3.2.2   Kostenklarheit

Die finanziellen Möglichkeiten und Vorgaben des Auftraggebers bestimmen den Kostenrahmen, der auch als Kostenobergrenze definiert werden kann. Für den Planer ist diese entscheidend, da hier alle möglichen Kosten enthalten sind. Die Vorgabe einer Kostenobergrenze ist für den Planer dann haftungsmäßig problematisch, wenn er diese zustimmend und vertraglich wirksam vereinbart (= Kostengarantie !).

Seitens der Auftraggebers ist die Kostenehrlichkeit eine unabdingbare Voraussetzung für das Gelingen des Projektes.

3.2.3   Kostenbewusstsein

In allen Phasen der Planung und Realisierung eines Objektes dokumentiert der Planer den Kostenstand fortlaufend; der ständige Abgleich mit den Vorgaben des Auftraggebers und die ggf. erforderlichen Korrekturen sind unerlässlich.

Das bereits im frühen Planungsstadium erstellte und bis zur Fertigstellung fortgeschriebene Raumbuch dient dabei der Ermittlung der Kosten bis ins Detail. Bei der (ersten) Bestandsaufnahme und der Voruntersuchungen des baulichen Zustandes unterstützt das Raumbuch neben der Plan- und Fotodokumentation den Planer in der gründlichen Einschätzung des Ist-Zustandes. Mit der Vorentwurfsplanung wird das Raumbuch auf den Soll-Zustand fortgeschrieben und erste Kostenermittlungen (Kostenschätzung) erstellt. Die weitere Kostenermittlung (Kostenberechnung) im Rahmen der Entwurfsplanung hat schon einen sehr hohen Genauigkeitsgrad; dies auch mithilfe des entsprechend dem Planungsstand fortgeschriebenen Raumbuches. Darüber hinaus dient es spätestens in dieser Phase den am Bau beteiligten Fachplanern, Sachverständigen usw. bei ihren Planungen und fachlichen Kostenermittlungen, da sie die Vorgaben aus der Planung unmittelbar und detailliert insbesondere dem Raumbuch entnehmen können.

So begleitet das stetig fortgeschriebene Raumbuch alle am Bau Beteiligten: die Inhalte der Planungen können in jeder Planungsphase abgeglichen werden.

Mit der letzten Kostenermittlung vor Baubeginn (Kostenanschlag) ist damit eine hohe Kostentransparenz und -sicherheit gegeben, die auch Antworten auf die möglichen Unwägbarkeiten aus den bestehenden Baukonstruktionen und -gestaltungen findet.

Dem Autor ist klar, dass der beschriebene Ablauf der Planungen zwar wünschenswert, aber in dieser Form nicht immer umsetzbar ist. Der vorgezogene Baubeginn (aus welchen Gründen auch immer) findet oft zu einem Zeitpunkt statt, an dem die Genauigkeiten der Kostenaussagen noch lückenhaft sind. Nur wenn die vorbeschriebenen Planungsstände und Kostenaussagen nacheinander abgearbeitet sind, wissen alle Planungsbeteiligten (und auch der Auftraggeber), worauf sie sich einlassen; insoweit ist der vorgezogene Baubeginn auch vom Planer nicht zu verantworten.

4   Fazit

Insbesondere beim Bauen im Bestand und dort insbesondere bei Objekten, die dem Denkmalschutz unterstellt sind, ist eine gründliche Planung in allen Phasen unerlässlich.

Die Ausführungen zeigen, welche bedeutsame Rolle das Raumbuch bei der Planung und den Kostenermittlungen spielen kann und sollte.

Es ist im Interesse des Planers, dass er seinen Auftraggeber von der Notwendigkeit und dem Nutzen eines sorgsam erstellten und fortgeschriebenen Raumbuches überzeugt, da es von hohem Nutzen insbesondere bei den Kostenermittlungen ist.

5   Literatur

[1]   Karkatsela, S. et al.: Stadtgut Blankenfelde - RAUMBUCH - Haus 5. TU Berlin, Berlin 2007. Download unter: https://www.hbf-msd.tu-berlin.de/fileadmin/fg200/Download_MSD/M1_Raumbuch/M1-9_Fassadenbuch.pdf, (letzter Zugriff am 13.07.2018).

[2]   Deutsches Nationalkomitee für Denkmalschutz (Hrsg.): Intelligente und kostensparende Lösungen bei der Denkmalsanierung. Schriftenreihe des Deutschen Nationalkomitee für Denkmalschutz Band 58. Bonn, 1998.

TYPHABOARD als Innendämmung bei Mehrfamilienhäusern mit Eigentümergemeinschaften in Bulgarien

M.Sc. Georgi Georgiev[1], Dipl.-Ing. Werner Theuerkorn[1], M.Sc. Katharina Rupp[1], Prof. Dr. Nikolay Tuleschkow[2], Prof. Dr. Pentscho Dobrev[2], Prof. Dr.-Ing. Martin Krus[1]

1 Fraunhofer-Institut für Bauphysik IBP, Fraunhoferstr. 10, 83626 Valley, Deutschland

2 VSU Lyuben Karavelov, Suhodolska 175, 1373 Sofia, Bulgarien

Durch die durch die DBU geförderte und vor kurzem positiv abgeschlossene zweijährige umfassende Machbarkeitsstudie bzgl. der Übertragung und Realisierung des TYPHABOARD-Konzepts auf die regionalen, baulichen sowie sozioökonomischen Gegebenheiten in Bulgarien wurde eine fundierte wissenschaftliche Grundlage geschaffen. Das Projekt hat Werner Theuerkorn, gemeinsam mit dem Fraunhofer IBP, geleitet, und das Fraunhofer IMW, die VSU Lyuben Karavelkov in Bulgarien, sowie Sienit Holding haben aktiv mitgewirkt.

Die Studie kommt für eine Umsetzung zu einem positiven Ergebnis: Der Baustoff Typha eignet sich in Form von Typhaplatten zur Innenwanddämmung für die Mehrheit des Baubestands in Bulgarien sehr gut. In Bulgarien liegen eine Vielzahl nicht oder nicht mehr genutzte Moorflächen, die sich zum Anbau und zur Produktion des Baumaterials eignen. Die technische Anwendung und insbesondere die Möglichkeit der Selbstmontage im dortigen Baubestand wurden für eine überwiegende Anzahl des Baubestands bauphysikalisch positiv beurteilt. In der in Bulgarien vorherrschenden Eigentumsform von Wohnungseigentümergemeinschaften kann eine Innenwanddämmung mit Typhaplatten, die entgegen einer Außenwanddämmung ohne aufwändige Abstimmungsverfahren von jedem Eigentümer selbst montiert werden kann, kostengünstig zu einer Reduktion von Heizkosten und CO_2 sowie einer höheren Wohnqualität beitragen. Sozioökonomische Ergebnisse deuten darauf hin, dass Märkte für das Produkt vor allem in der Region um Plovdiv und in der Region Razgrad und Silistra gegeben sind und dass Produktion und Einsatz von Typha zur thermischen Bestandssanierung einen Mehrwert für die im europäischen Vergleich eher strukturschwachen Regionen schaffen kann.

Schlagwörter: Machbarkeitsstudie, Bulgarien, TYPHABOARD, Altbausanierung, Rohstoffbeschaffenheit, Baustoffproduktion

1   Anwendung des TYPHABOARD Konzepts in Bulgarien

1.1   Beschreibung der Studie

In der durch das Fraunhofer IBP koordinierten Studie wurde die Übertragbarkeit des in Deutschland entwickelten, innovativen, nachhaltigen Baustoffs TYPHABOARD auf die Rahmenbedingungen in Bulgarien untersucht. Im Mittelpunkt stand die Untersuchung der Nutzung des Baustoffs aus dem in Bulgarien heimischen Rohstoff Rohrkolben (lat. Typha) zur thermischen Sanierung der lokalen Bestandsgebäude unter den dortigen Rahmenbedingungen.

Hauptziel der Studie war es zu untersuchen, ob, in wieweit und in welcher Form der Baustoff in Bulgarien zur Innenwanddämmung eingesetzt werden kann und ob genügend natürlicher Rohstoff und genügend Anbaufläche zur Produktion vorhanden sind.

Für eine umfassende Bestandsaufnahme sollten Agrarwissenschaften, Architektur, Bauphysik, Sozialwissenschaft, Marktforschung sowie Politikwissenschaft zur Beurteilung einer möglichen Realisierung mit einbezogen werden. Für eine ganzheitliche und nachhaltige Realisierung des TYPHABOARD-Konzepts sollte außerdem die gesellschaftliche und wirtschaftliche Akzeptanz der Stakeholder ermittelt und in die Überlegung mit einbezogen werden.

Zunächst galt es, das vielseitig einsetzbare TYPHABOARD-Konzept auf Gegebenheiten in Bulgarien zu übertragen. Um Umsetzungsrelevanz und technisch- wirtschaftliches Risiko zu beurteilen, wurden zunächst Umweltrelevanz und Produktion untersucht. Das bauphysikalisch- technische Risiko einer Innenwanddämmung wurde ebenfalls in einer vertiefenden Studie zur Umsetzung untersucht.

Die vertiefende Studie gibt einen Überblick über Architektur und Gebäudebestand in Bulgarien und die daraus gefundenen möglichen Anwendungsgebiete. Das Fraunhofer IBP hat daraufhin die Anwendung von Typhaplatten in verschiedenen, ausgewählten Gebäudetypologien zur Innenwanddämmung auf ihre Tauglichkeit und das bauphysikalische Risiko untersucht.

Natürliche Typhavorkommen und mögliche Anbaugebiete zur wirtschaftlichen Nutzung wurden von Prof. Dr. Arch. Pentscho Dobrew von der VSU untersucht. Sozioökonomische Rahmenbedingungen untersuchte das Fraunhofer Zentrum für internationales Management und Wissensökonomie IMW. Um die gesellschaftliche und wirtschaftliche Akzeptanz festzustellen, wurden in Hinblick auf die Umsetzung Arbeitstreffen mit Fachleuten sowie Arbeitstreffen und Workshops mit Stakeholdern durchgeführt.

1.2   Produkt und Anwendung

Der Baustoff TYPHABOARD besteht aus präzise geschnittenen Blattpartikeln, die bei relativ geringem Druck und Zusatz eines rein mineralischen Klebers zu Platten gepresst werden. Aufgrund des Zusammenwirkens von Stütz- und Schwammgewebe gewinnen die Platten hohe Stabilität und sind mit allen gängigen Werkzeugen bearbeitbar. Gerbstoffe machen die Pflanze ohne weitere Zusätze schimmelresistent.

 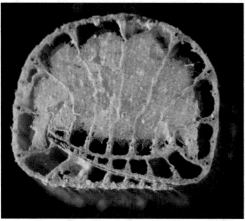

Bild 1-1   links: TYPHABOARD 2013 (Foto: Theuerkorn), rechts: Querschnitt durch die Typhapflanze (Foto: Theuerkorn).

Was dieses innovative Innendämmmaterial auszeichnet, ist die Tatsache, dass es neben der im Vergleich hohen Dämmwirkung (λ = 0,050 W/mK) eine hohe Tragfähigkeit ($\approx$ 1 N/mm²) aufweist. Aufgrund der bauphysikalischen und statischen Materialeigenschaften haben Innendämmplatten aus Typha den Vorteil, dass sie sich in einfachen Konstruktionen einsetzen lassen und aufwändige Arbeitsgänge und zusätzliche Materialschichten bei der Applikation entfallen. Das Material kann mit wenigen Befestigungselementen an der Innenseite der Außenwände auch von Laien angebracht werden und birgt wegen seines relativ hohen Diffusionswertes (ca. 20) kaum Gefahr von Tauwasserausfall. Wegen seiner Schraubfestigkeit kann das Plattenmaterial in sehr einfacher Weise als Untergrund für Wandheizungssysteme dienen.

1.3   Umweltrelevanz und Wirtschaftlichkeit der Produktion

Umweltrelevanz

Die grundlegende Idee für die Untersuchung der Umsetzung in Bulgarien ist der natürliche Lebensraum für die dort heimische und in großer Zahl verfügbare Typhapflanze. Die Nutzung des Bestands und die Kultivierung in den dortigen Niedermooren ist möglich. Die ökologische Bewirtschaftung von Moorböden ist deswegen so interessant, da diese CO_2 und andere Treibhausgase hervorragend binden und die Moorböden mit dieser Eigenschaft durch die Kultivierung von Typha erhalten werden können. Die Kultivierung und industrielle Nutzung von Typha ist im Einklang mit der Natur möglich, sodass die Anbauflächen ein spezielles Biotop für unterschiedliche Pflanzen und Lebewesen bieten. Die Anbaufläche kann als Retentionsfläche zum Hochwasserschutz genutzt werden. Aufgrund der bisherigen Forschung zum Anbau von Typha und der Forschung und Bemühung von Prof. Dr. Arch. Pentscho Dobrew bestätigte das Bulgarische Umweltministerium den Anbau und die Kultivierung von Typha in Moorgebieten sowie in Naturschutzgebieten Bulgariens.

Bild 1-2   Die Typhapflanze in ihrem natürlichen Habitat (Quelle: TU München).

Produktion

Typhabestände sind besonders robuste, natürliche Monokulturen, die wegen ihrer enormen Produktivität prädestiniert sind für die industrielle Nutzung. Pro Hektar ergibt sich durch die Produktion ca. 150-259 m³ Baustoff im Jahr. Dies entspricht dem vier- bis fünffachen Wert an Dämmmaterial, den Nadelwälder liefern. Praktischerweise liegen die Wachstums- und Erntephasen der Typhapflanze im Einklang mit der Natur. Durch den Abbau im Winter werden die Tierbestände nicht gestört. Da die Anbaufläche selbst gleichzeitig als Retentionsfläche fungiert, ist die Ernte im Grunde nicht durch Überschwemmungen bedroht.

Das Herstellungsverfahren für Dämmplatten aus Typha ist technisch wenig aufwändig und lässt sich ohne hohe Investitionskosten realisieren. In Kombination mit einem geringen Lohnniveau in Bulgarien lassen sich die Dämmplatten zu einem niedrigen Preis herstellen.

1.4   Umsetzungsrelevanz

Baulich entspricht die überwiegende Mehrheit im Mehrparteienwohnungsbau in Bulgarien nicht den aktuellen Energiestandards, die Bausubstanz ist bauphysikalisch und konstruktiv oft in einem unzureichenden Zustand. Hinzu kommt eine hohe Eigentumsquote, auch in Mehrparteienwohnhäusern, welche sich durch historische und sozioökonomische Geschehnisse erklärt. Eine Großzahl dieser Eigentumswohnungen befindet sich in der Hand von Wohnungseigentümergemeinschaften. Die aktuellen Geschehnisse auf dem Feld der energetischen Bestandssanierung deuten auf einen Wissensmangel im Baubereich und in der Energieeffizienzproblematik hin. Außenwandlösungen lassen sich wegen komplexen Abstimmungsstrukturen in Wohnungseigentümergemeinschaften so kaum realisieren oder sind baurechtlich, bauphysikalisch und gestalterisch fragwürdig.

Die politische Bereitschaft entgegenzuwirken wird durch eine 100 %-ige Förderung von Energieeffizienzmaßnahmen bei Mehrfamilienhäusern in Wohnungseigentümergemeinschaften sichtbar, die im Rahmen eines nationalen Förderprogramms seit zwei Jahren aktiv ist. In der Praxis wird die Förderung bisher jedoch selten genutzt. Insbesondere bei Mehrfamilienwohnhäusern und bei Mehrfamilienwohnhäusern mit Wohnungseigentümergemeinschaften liegen technische und praktische Hürden, insondre durch die Abstimmungsverfahren nahe. Der Einsatz von Innenwanddämmplatten aus Typha kann hier als Lösung dienen.

Besonders relevant für die Übertragung des Konzepts sind Gebäudealter, typisch vorhandene Konstruktionen und typische vorhandene bauphysikalische Problempunkte/-details, Sanierungsmöglichkeiten, die bereits angewandt werden und verfügbar sind, die Sozial- und Altersstruktur der Wohnungseigentümergemeinschaften und deren Bereitschaft zur Wohnungsbestandsoptimierung und der damit verbundenen Investition.

Durch die Anwendung eines zu 100 % natürlichen Bauprodukts in einem ganzheitlichen Konzept kann ein Beitrag zur Lösung zahlreicher umweltrelevanter, sozioökonomischer Probleme geleistet werden. Außer der Bekämpfung von Schimmelpilzwachstum, der Verbesserung des Raumklimas und der Verringerung des Heizbedarfs und der Heizkosten durch die auch in Wohnungseigentümergemeinschaften und Mehrfamilienhäusern individuell einsetzbaren Dämmplatten wird durch den Anbau ein für den Umweltschutz wertvolles Biotop erhalten und ein CO_2 bindender Baustoff produziert. Durch die Produktion werden Arbeitsplätze im Bereich von ökosystemischen Dienstleistungen geschaffen.

1.5   Technisch-wirtschaftliches Risiko

Durch die bereits von der DBU geförderten Projekte konnte gezeigt werden, dass die zu erwartenden Risiken nicht im Anbau und in der Ernte des Rohstoffs Typha, oder in der Herstellung und der Anwendung des Baustoffs liegen, sondern dass die Akzeptanz einer solchen Dämmmaßnahme entscheidend ist.

Dieses Risiko kann ganz wesentlich durch die geeignete Aufklärung der bulgarischen Stakeholder, insbesondere der Bevölkerung, verringert werden. Die Verankerung und das Bewusstsein in Bulgarien wird im Projekt durch den frühen Einbezug und die Zusammenarbeit von lokalen Akteuren aus Politik, Forschung und Fachleuten geschaffen. Daraus entsteht ein Innovationsdialog, welcher Kommunikation, zielgruppengerechte Adressierung, die Schulung und Nutzung von Multiplikatoren und Fachleuten ermöglicht. Die in diesem Projekt ganzheitlich angelegte Studie und der darin vorgesehene Wissens- und Technologietransfer trägt dazu wesentlich bei.

Bei allen drei Wissenstransferveranstaltungen in Sofia zeigte sich während des Projekts ein hohes Interesse seitens der Planer, Ingenieure und Endkunden, sowohl der Bauindustrie als auch der Privatpersonen. Die Beteiligung und die Kontakte der Forschungsorganisationen haben gezeigt, dass auch im Bereich der Forschung ein sehr großes Interesse für das Konzept besteht. Auch weiterhin möchte man die nächsten Schritte zur Umsetzung gemeinsam mit der lokalen Forschung und Industrie gehen.

2   Ergebnisse der vertiefenden Teilstudien zur Situation in Bulgarien

2.1   Gebäudebestand in Bulgarien

Die von der VSU Lyuben Karavelov von Prof. Dr. Arch. Tuleschkow federführend betreute und in enger Zusammenarbeit mit dem Fraunhofer IBP entstandene Studie zum Gebäudebestand in Bulgarien und insbesondere zu Mehrfamilienwohnhäusern fasst durch technische Prüfung und statistische Auswertung die häufigsten Typologien bei Mehrfamilienhäusern zusammen und zeigt deren typische Schwachstellen und konstruktive Besonderheiten auf. Durch die Auswertung von Daten der bis 1989 aktiven Wohnbaukombinate und des Bulgarischen Nationalen Amts Für Statistik konnten wertvolle Erkenntnisse über die Eigentümerstruktur und die damit verbundene Sanierungsspezifik getroffen werden. Durch eine umfassende Umfrage in Kjustendil, an der 297 Wohnungen teilnahmen, liegen Kenntnisstand, Bereitschaft und finanzielle Fähigkeit zu einer Sanierung vor.

2.2 Typhavorkommen und Anbaumöglichkeiten zur wirtschaftlichen Nutzung in Bulgarien

Natürliche Bestandsgebiete sowie potentielle Anbauflächen des Rohstoffs Typha wurden durch ein Team von Prof. Dr. Arch. Dobrev, VSU Lyuben Karawelow, untersucht und kartiert. Dank der detaillierten Vorbereitung liegen umsetzungsorientierte Ergebnisse vor, durch die das Bulgarische Umweltministerium positiv Stellung zu Anbau und wirtschaftlicher Nutzung nehmen konnte und diese auch in Naturschutzgebieten für möglich hält.

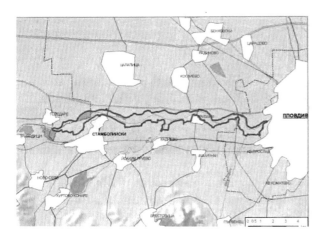

Bild 2-1 Kartierung der potentiellen Anbauflächen. Kataster + GIS (Quelle: VSU 2016).

2.3 Sozioökonomische Rahmenbedingungen

Durch die sozioökonomische Studie des Fraunhofer Zentrums für internationales Management und Wissensökonomie liegen wesentliche Ergebnisse zur Marktsituation vor.

Es stellte sich heraus, dass die kleinteilige Eigentümerstruktur in Mehrfamilienwohnhäusern einheitliche energetische Maßnahmen im gesetzlich vorgesehenen Umfang erschwert. In Kombination mit den aufwändigen Abstimmungsverfahren ergibt sich für das innovative Produkt aus Typhaplatten ein Marktvorteil, da die Sanierungsentscheidung durch das Produkt individuell getroffen werden kann.

In finanzieller Hinsicht ist eine Innenwanddämmung in der Regel die teurere Alternative. Dies kann jedoch durch die die low-tech-Lösung des Produkts, die Selbstapplikation und die Ersparnis der Gerüstkosten ausgeglichen werden.

Durch Auswertung statistischer Daten des Nationalen Amts für Statistik Bulgarien sowie Literatur und Sekundärquellen zeigte sich konkreter, dass der Bedarf an Sanierungstätigkeiten groß ist und Aufholbedarf besteht und das Angehen wichtiges politisches Ziel ist.

Geringe Einkommen und die kleinteilige Struktur mit vielen selbstnutzenden Privateigentümern hemmen die Investitionstätigkeit in entsprechende Maßnahmen. Die seit der Finanz- und Wirtschaftskrise 2008/2009 anhaltenden negativen Werte verschiedener Wirtschaftsindikatoren (z.B. Arbeitslosigkeit, Kaufkraft, materielle Deprivation) deuten darauf hin, dass die energetische Sanierung für den Großteil der Bevölkerung wahrscheinlich keine Priorität hat. Migrationsbewegungen finden ins Ausland und in Ballungszentren statt. Ein potentieller Absatzmarkt findet sich in Ballungszentren und im dem Ausland.

Bei einer Fokusgruppendiskussion mit politischen, wirtschaftlichen und wissenschaftlichen Entscheidungsträgern zum Abschluss der Studie wurden diese Ergebnisse bestätigt. Es wird vermutet, dass der Markt für Typhadämmplatten kurzfristig kein Massenmarkt sein wird, das nachhaltige Konzept sich aber zur Lösung der Grundproblematik sehr gut eignet und zunächst auch großes Potential für die Anwendung in öffentlichen, historisch wertvoll und repräsentativen Gebäuden gesehen wird.

Durch die sozioökonomische Studie konnten zwei Schwerpunktregionen für den Anbau Typha identifiziert werden:

1. Die Bezirke Razgrad und Silistra im Nordosten Bulgariens entlang der Donau.

Natur-räumliche Gegebenheiten, Infrastruktur und Bildungsniveau sprechen für eine Produktion in dieser Region. Gebildete Arbeitskräfte sind verfügbar und über Infrastruktur und den Donauweg könnte das Produkt auch ins Ausland wie zum Beispiel das benachbarte Rumänien transportiert werden. Die eher strukturschwache Region wird durch den europäischen Fonds für regionale Entwicklung (EFRE) gefördert - somit könnte die Produktion von Typhadämmplatten im Rahmen eines Pilotprojekts gefördert werden. Die Region ist außerdem von Bevölkerungsrückgang betroffen, dem die Produktion von Typha jedoch gegebenenfalls entgegenwirken könnte. Die Nachfrage nach dem Baustoff ist in der Region jedoch grundsätzlich als gering einzuschätzen. Netzwerke der Projektpartner in regionale Politik und Wirtschaft bestehen in dieser Region bisher nicht.

2. Die Regionen Plovdiv, Stara Zagora, Yambol und Smolyan in der oberthrakischen Tiefebene entlang des Flusses Maritsa.

Die naturräumlichen Voraussetzungen sind gegeben. In der Region um Plovdiv, der zweitgrößten Stadt des Landes, sprechen eine große Anzahl an Bildungsabschlüssen und Wirtschaftskultur und eine positive Bevölkerungsentwicklung für den Standort. Aufgrund relativ hoher Einkommen ist hier auch die Nachfrage vor Ort gegeben. In der Region bestehen bereits gute Netzwerke der deutschen und bulgarischen Projektpartner in die regionale Politik und Wirtschaft, welche im Expertenworkshop in Sofia ausdrücklich die erfolgreiche Umsetzung als Wichtig hervorhoben.

Für die Auswahl der Regionen entscheidende Faktoren waren: Die Schaffung von Arbeitsplätzen in strukturschwachen Regionen, die in Bezug auf die Rohstoffgewinnung standortnahe Produktion, der regionale Absatzmarkt und ein ausreichendes Bildungsniveau potentieller Arbeitskräfte.

2.4 Nutzung von TYPHABOARD zur Innendämmung bei Mehrfamilienhäusern in Bulgarien

Zwei potentielle Standorte konnten für die Anwendung des Typha-Konzepts in Bulgarien gefunden werden: Die Region um Razgrad und Silistra im Nordosten an der Donau und die Region um Plovdiv, der zweitgrößten Stadt des Landes.

Bild 2-2 Typische wohnungsweise Sanierung in Bulgarien (Quelle: Fraunhofer IBP 2016).

Die Anwendung des Baustoffes zur fachgerechten Bestandsoptimierung und Reaktivierung von historischen Gebäuden mit Holzkonstruktion – wie z.B. das weit in Bulgarien verbreitete Schwarzmeerhaus – ist, laut der Studie und der während dieser durchgeführten Stakeholderinterviews, für die Planer, Denkmalbehörden, Stadtverwaltungen und den

Bulgarischen Staat eine nachhaltige Möglichkeit. Dadurch können Arbeits- und Baustoff-ressourcen gespart und gleichzeitig ein gesundes Klima geschaffen werden. Zusätzlich kann den oft privaten Eigentümergemeinschaften und auch den anderen Einwohnern und Eigentümern bei solchen Gebäuden ein niedrigerer Energiekonsum ermöglicht werden.

3   Ausblick

Nachdem alle der beteiligten Projektpartner gemeinsam ein einheitliches und vielaussa-gendes Bild der Möglichkeiten und Auflagen für die Zukunft des TYPHABOARD Kon-zeptes in Bulgarien geschaffen haben, wurde klar, dass es ökonomisch und umwelttech-nisch sinnvoll wäre, den Weg zur Realisierung des Konzepts dort zu gehen.

Der Projektpartner Fraunhofer, Werner Theuerkorn und die Forschungsteams von Prof. Tuleschkow und Prof. Dobrew werden den weiteren Weg gemeinsam gehen, um eben die Realisierung des Gesamtkonzeptes in Bulgarien möglich zu machen. Nachdem auch die lokale Politik daran interessiert ist, derartige Konzepte an die Gesellschaft näher zu bringen, ist das Projektteam im Moment fest davon überzeugt, dass TYPHABOARD einen langfristig sicheren Platz auf dem bulgarischen und regionalen Markt für nachhal-tige Bestandsoptimierungslösungen und -systeme finden und bekommen wird. Die Lö-sung der Sanierungsproblematik bei den komplexen Eigentümerstrukturen bei Mehrfa-milienhäusern in Bulgarien anhand des TYPHABOARDs als Innendämmung ist für Pla-ner, politische Entscheidungsträger, potentielle Hersteller und vor allem für die Endnutzer – die Wohnungseigentümer – sehr vielfältig ressourceneffizient und vielversprechend. Die Eignung von TYPHABOARD als eine sehr nachhaltige Innendämmung bei allen Bautypologien und Klimazonen in Bulgarien wurde im Rahmen des Projekts sehr deut-lich und wurde bei den Workshops sehr klar ersichtlich für das Projektteam und alle re-levanten Stakeholdergruppen, die bei den Veranstaltungen in Bulgarien beteiligt waren.

Bild 3-1 Schwarzmeerhaus in Sozopol, Bulgarien (Foto: Prof. Tuleschkov).

Besonders geeignet ist das TYPHABOARD-System zur fachgerechten und nachhaltigen Baudenkmalsanierung, insbesondere beim betrachteten Bautyp des Schwarzmeerhauses. Dieser besondere Fachwerk-Bautyp mit Holzverschalung ist in Bulgarien und der Türkei, der Schwarzmeerküste entlang, breit vertreten, und wird demnächst innerhalb weiterer gemeinsamen Studien des Forscherteams unter Einbeziehung des TYPHABOARDS als Systemlösung zur nachhaltigen Sanierung untersucht.

4   Danksagung

Der Deutschen Bundesstiftung Umwelt bedankt sich das Projektteam für die fachliche und finanzielle Unterstützung. Ebenfalls dem Bulgarischen Umweltministerium gilt ein Lob für die Zusammenarbeit.

Die im Bericht dargestellten Ergebnisse beruhen auf Teilstudien des Projektes „Prüfung des nachwachsenden Rohstoffes Typha (Rohrkolben) hinsichtlich einer Baustoffplattenherstellung und Anwendung in Bulgarien zur thermischen Sanierung und Innendämmung von Gebäudeaußenwänden einschließlich Schulungsmaßnahmen.

Die RAL-Zertifizierung „Innendämmung" – Voraussetzungen und Potentiale

Dipl.-Ing. Walter Leo Meyer[1]

1 Ingenieurbüro für Holzsystembau und technischer Berater der Fa. GUTEX, von-Loe-Str. 55, 53639 Königswinter, Deutschland / GUTEX Holzfaserplattenwerk H. Henselmann GmbH & Co. KG, Gutenburg 5, 79761 Waldshut-Tiengen, Deutschland

Stand heute ist das Thema Innendämmung gefangen in einem Teufelskreislauf:

Der Markt für Innendämmungen ist kaum erschlossen. Die ausführenden Betriebe verteilen sich diffus auf verschiedene Branchen. Und diese arbeiten selten in geschlossenen Systemen, weshalb ein Wildwuchs an verschiedenen Produkten auf dem Markt angeboten werden. Hinzu kommt die teilweise mangelhafte Ausführungsqualität, was im Laufe der Zeit zu Schäden führen kann und dadurch auch weiterhin das Imageproblem der „Innendämmung" verstärkt. Aufgrund des fehlenden „Kundendrucks" seitens der Verarbeiter und der Scheue der potentiellen Kunden (Eigentümer), sehen sich die potentiellen Systemanbieter nicht in Handlungszwang. Dieser Teufelskreis hat zu Folge, dass der Markt sich kaum entwickelt, obwohl ca. ein Viertel aller Gebäude für eine Innendämmung prädestiniert wäre.

Die Devise muss lauten: Qualität! Potentielle Kunden, wie Eigentümer von Holzfachwerkhäusern, denkmalgeschützten Gebäuden oder Mehrfamilienimmobilien, deren Fassaden keine Außendämmung zulassen, brauchen Zutrauen in Systeme und deren Verarbeitung, um sich der Innendämmung zu öffnen. Verarbeiter brauchen eine intensive Schulung und Knowhow über Dämmsysteme, Planung und Ausführung, um Innendämmungen aktiv forcieren zu können und zu wollen. Verarbeiter, die dokumentieren können, dass sie eine intensive Schulung genossen haben, erfolgreich fremdüberwacht sind und zertifizierte Systeme einsetzen, haben selbst Vertrauen, verhalten sich aktiver und schaffen beim Kunden Vertrauen.

Qualität und Sicherheit auf der ganzen Linie, das ist Sinn und Zweck der RAL-Zertifizierung „Innendämmung". Und mit der ersten RAL-zertifizierten Baustelle WITVITAL in Witznau ist ein sehr guter erster Aufschlag gelungen.

Schlagwörter: Innendämmung, RAL-Zertifizierung, Taupunkt

© Springer Fachmedien Wiesbaden GmbH, ein Teil von Springer Nature 2018
B. Weller und L. Scheuring (Hrsg.), *Denkmal und Energie 2019*,
https://doi.org/10.1007/978-3-658-23637-3_10

1　RAL-Zertifizierung „Innendämmung"

1.1　Innendämmung – eine Standortbestimmung

Energetische Modernisierungen von Außenwänden werden traditionell eher von außen durchgeführt. Die Anbringung der Dämmung von außen hat gemeinhin drei Vorteile:

– Der kritische Taupunkt verlagert sich in die „richtige Richtung" nach außen.
– Es ergibt sich keine Reduzierung der Wohnfläche, da die Innenräumlichkeiten in dieser Hinsicht unbeeinträchtigt bleiben.
– Die Bewohner können im Regelfall ohne größere Beeinträchtigungen in ihren Wohnräumen wohnen bleiben können. Im Regelfall sind nur wenige bauliche Anpassungen in Anschlussbereichen (z. B. Fenster- und Haustürbereich) erforderlich.

Ungeachtet der o.g. allgemeinen Vorteile zeigt die Erfahrung, dass energetische Modernisierungen von innen ihren wichtigen Platz haben, zum Teil sogar die einzige Alternative sein können, ein Gebäude energetisch zu modernisieren. In folgenden Fällen ist sie die bessere Alternative bzw. unumgänglich:

– Die Außenfassade ist ob ihrer Beschaffenheit und Gestaltung nicht für überdämmende Maßnahmen von außen geeignet. Im Zweifelsfalle kann es Denkmalschutzbestimmungen geben, die einer Überdämmung entgegenstehen.
– Durch Anbauten oder andere Hindernisse ist eine Fassade nicht oder nur schwer zugänglich von außen.
– Baurechtliche Vorgaben – z.B. Grenzabstände – können eine weitere Aufdämmung von außen und damit Gebäudevergrößerung ver- oder mindestens behindern.

Darüber hinaus hat die Erfahrung mittlerweile zwei wesentliche Dinge aufgedeckt. Erstens: Dämmungen von außen sind stärker tauwassergefährdet als bisher angenommen. Kleinere Verarbeitungsfehler, insbesondere in den Anschlussbereichen Sockel, Dach, Fenster und Türen, sind an der Tagesordnung und haben entsprechende Auswirkungen. Zweitens: Im Gegensatz dazu zeigen sich Innendämmungen sehr robust und weisen sehr hohe bauphysikalische Sicherheitsreserven auf.

Eine Innendämmung funktioniert dann einwandfrei, wenn insbesondere zwei Bedingungen gegeben sind: Es wird ein geeigneter Dämmstoff eingesetzt, der den vorliegenden Bestandsgegebenheiten gerecht wird und im Hinblick auf die zu erwartenden bauphysikalischen Herausforderungen ein ausreichend hohes Maß an Sicherheitsreserven aufweist. Die Ausführung der Dämmung erfolgt handwerklich nach den anerkannten Regeln der Technik. Das betrifft insbesondere die Untergrundvorbereitung der Kernaußenwand sowie die Anschlussbereiche im Bereich von Fenstern und zu den flankierenden Bauteilen.

Um das für eine Marktdurchdringung erforderliche Vertrauen bei Endkunden, Verarbeitern und Systemanbietern zu schaffen, hat der Bundesverband Innenausbau, Element- und Fertigbau (BIEF) e.V. Ende 2015 eine Qualitäts- und Marketingoffensive „Innendämmung professionalisieren!" in Gang gesetzt. Unter seiner Federführung wurde unter Mitwirkung des Fachverbandes Innendämmung (FVID) e.V. der RAL-Gütegemeinschaft Trockenbau e.V. sowie der Gütegemeinschaft Cert e.V. 2016 ein Zertifizierungssystem installiert, welches auf den bereits bestehenden Prüf- und Gütebestimmungen der GG Cert als Inhaber des RAL-GZ 964 „Innendämmung" aufsetzt.

1.2 Inhalte und Prozedere der RAL-Zertifizierung „Innendämmung"

Die RAL-Zertifizierung „Innendämmung" verfolgt ein klares Ziel: Es galt und gilt, den Marktteilnehmern – also den Herstellern von Innendämmprodukten, den Verarbeitern sowie den Kunden (Auftraggeber) – die in weiten Kreisen immer noch vorhandene Angst vor den hohen bauphysikalischen Anforderungen und angeblichen Schadenspotentialen einer Innendämmung zu nehmen. Die Erreichung des Ziels soll durch ein starkes Qualitätslabel nach außen dokumentiert werden.

Bild 1-1 RAL-GZ 964 „Innendämmung" (Quelle: GG-Cert).

Die RAL-Zertifizierung „Innendämmung" einer Baustelle ist nur möglich, wenn folgende drei Bedingungen gegeben sind:

1. Es dürfen ausschließlich Produkte zum Einsatz kommen, deren Hersteller ein RAL-Zertifikat vorweisen und die im Rahmen der RAL-Zertifizierung als Systemprodukte ausgewiesen sind.
2. Die Montage des Innendämmsystems muss durch ein ausführendes Fachunternehmen mit erfolgreicher RAL-Qualifizierung und daraus resultierender RAL-Listung erfolgen.

3. Das ausführende Fachunternehmen hat für die Baustelle eine Übereinstimmungserklärung über den fachgerechten Einbau der Innendämmung nach der Gütesicherung
   Innendämmung zu erstellen. Auf der Basis der Übereinstimmungserklärung des ausführenden Fachunternehmens stellt der zertifizierte Systemhersteller ein Zertifikat
   über die RAL-konforme Ausführung des Innendämmsystems aus.

Bild 1-4   Schritt 3: Übereinstimmungserklärung zur RAL-zertifizierten Baustelle (Quelle: Fa. Harald Amann).

Die RAL-Zertifizierung schließt eine intensive Schulung ein. Die Schulungsteilnehmer
werden akribisch, sowohl theoretisch als auch praktisch, auf folgende Themen vorbereitet:

– Analyse des Ist-Zustandes eines Gebäudes.
– Untergrundanalyse und -vorbereitung der Kernwand.
– Auswahl des richtigen Dämmstoffs und dessen richtige Verarbeitung.
– Auswahl der richtigen Oberflächenapplikation.
– Baustellenorganisation im Sinne der Auftraggeber.
– Optimierung der Bauabläufe im Sinne der Auftraggeber.

1.3   Potentiale und Voraussetzungen

Ist eine System RAL-Zertifiziert bedeutet dies für den Nutzer eine Reihe von Vorteilen. Dies ist insbesondere für Innendämmung von Bedeutung, da diese bisher ein hohes Schadenspotential haben und viele Bauherren vor einer Anwendung zurückschrecken.

– Sichere Qualität der Produkte. Die streng geprüfte Eigen- und Fremdüberwachung sorgt dafür, dass die versprochene Produktqualität beständig und sicher produziert wird.
– Bauphysikalische Sicherheit des Systems. Die ordnungsgemäß und vollständig ermittelten technischen Kennwerte im Verbund mit der sicheren Qualität der Produkte sorgen für ein Höchstmaß an bauphysikalischer Sicherheit. Hygrothermische Nachweise mittels Computersimulation bieten zusätzliche Sicherheit.
– Bautechnische Funktionalität des Systems. Aufeinander abgestimmte Systemkomponenten, zigfach geprüft über praktische Prüfungen und rechnerische Nachweise mittels Computersimulation, sorgen dafür, dass alle Komponenten sich vertragen und bautechnisch nichts anbrennt.

Die RAL-Zertifizierung wird jedoch erst verliehen, wenn folgende Punkte vom Systemhersteller durchgeführt wurden:

– Durch die zertifizierte Überwachungsstelle GG-Cert wird eine umfangreiche Erstprüfung durchgeführt.
– Der Güte- und Prüfausschuss der GG Cert prüft den Überwachungsbericht und erteilt die Freigabe.
– Bautechnische Funktionalität des Systems. Aufeinander abgestimmte Systemkomponenten, zigfach geprüft über praktische Prüfungen und rechnerische Nachweise mittels Computersimulation, sorgen dafür, dass alle Komponenten sich vertragen und bautechnisch nichts anbrennt.
– Die RAL-Urkunde wird durch die GG Cert als anerkannte Zertifizierungsstelle verliehen, befristet für ein Jahr. Eine Verlängerung der Urkunde wird durch eine erfolgreiche Regelprüfung, die einmal pro Jahr erfolgt, erreicht.

Die Erstprüfung durch eine zertifizierte Überwachungsstelle ist die für den Systemhersteller relevanteste und aufwendigste Prüfung. Folgende Punkte werden dabei untersucht:

– Ist eine kontinuierliche und erfolgreiche werkseigene Produktionskontrolle (Eigenüberwachung) vorhanden und sind die dafür erforderlichen organisatorischen Maßnahmen getroffen?
– Wurden in regelmäßiger und erfolgreicher Weise Fremdüberwachungen der Produktion durch eine zertifizierte Prüf- und Überwachungsstelle durchgeführt?
– Liegen alle für eine detaillierte Planung eines Innendämmsystems maßgeblichen technischen Kennwerte - Wärmeleitfähigkeit, Wasserdampfdiffusionswiderstandszahl,

Kapillarer Wasseraufnahmekoeffizient, Sorptiver Wassergehalt, Sorptionsisotherme, Max. Wasserhaltevermögen - sowie ein hygrothermischer Nachweis mittels Computersimulation in ordnungsgemäßer Weise vor und bestätigen eindeutig die Eignung des Innendämmsystems? bestätigen.

– Sind alle technischen Unterlagen – Merkblätter, Produktdatenblätter, Sicherheitsdatenblätter, Verarbeitungshinweise, Detailanschlüsse etc. – vorhanden, die für eine sichere Anwendung des Innendämmsystems erforderlich sind?

– Sind darüber hinaus weitergehende Anforderungen an eine professionelle Auftragsabwicklung und eine kundenorientierte Reklamationsbearbeitung erfüllt?

Verlangt eine Ausschreibung die Ausführung einer Innendämmung nach RAL-Güte- und Prüfbestimmungen und eine Zertifizierung der Baustelle müssen folgende Voraussetzungen gegeben sein:

– Es dürfen ausschließlich Produkte zum Einsatz kommen, deren Hersteller ein RAL-Zertifikat vorweisen und die im Rahmen der RAL-Zertifizierung als Systemprodukte ausgewiesen sind.

– Die Montage des Innendämmsystems muss durch ein ausführendes Fachunternehmen mit erfolgreicher RAL-Qualifizierung und daraus resultierender RAL-Listung erfolgen.

– Das ausführende Fachunternehmen hat eine Übereinstimmungserklärung über den fachgerechten Einbau der Innendämmung nach der Gütesicherung Innendämmung zu erstellen.

– Auf der Basis der Übereinstimmungserklärung des fachausführenden Unternehmens erstellt der zertifizierte Systemhersteller eine Bestätigung über die RAL-konform Ausführung des Innendämmsystems.

Als fachausführendes Unternehmen sind neben den Prüfungen bestimmte Voraussetzungen für eine RAL-Qualifizierung nachzuweisen. Diese sind unter anderem:

– Das ausführende Fachunternehmen hat als Eingangsvoraussetzung den erfolgreichen Prüfungsabschluss einer mindestens zweitägigen Intensivschulung über „Planung und Montage von Innendämmungen" nachzuweisen

– Darüber hinaus verpflichtet es sich zu mindestens einer laufenden Weiterbildung im Bereich der konstruktiven Anforderungen zum Einbau von Innendämmsystemen innerhalb eins Zeitraums von drei Jahren.

– Es sind betriebliche Anforderungen im Hinblick auf die richtige Bestellung der Produktsysteme, eine ordnungsgemäße Wareneingangskontrolle sowie sorgfältige Führung der Auftragsunterlagen (Planungsunterlagen und Leistungsverzeichnis) zu erfüllen.

– Das ausführende Fachunternehmen hat die Erfüllung personeller Anforderungen nachzuweisen. Es muss eine Führungskraft mit vorgegebenen Qualifikationen vorhanden sein.

— Für die praktische Ausführung und Herstellung von Bauteilen und Konstruktionen für Innendämmsysteme müssen qualifizierte Fachkräfte vorhanden sein.

Liegen die o.g. Qualifikationen vor, wird das betreffende Unternehmen in einer offiziellen Liste der RAL GG „Innendämmung" geführt und damit als Betrieb ausgewiesen, welcher den fachmännischen Einbau einer Innendämmung nach den RAL Güte- und Prüfbestimmungen beherrscht. [1]

Die RAL-Zertifizierung einer Baustelle ist nur möglich, wenn die Ausführung durch ein gelistetes Unternehmen erfolgt und ein RAL-zertifiziertes Innendämmsystem eingesetzt wurde. Weitergehende Informationen rund um das Thema RAL-Zertifizierung „Innendämmung" erhalten Interessierte bei der GG-Cert oder beim Fachverband Innendämmung (FVID) e.V. Die Kontaktdaten sind der Tabelle 1-1 zu entnehmen.

Tabelle 1-1 Wichtige Kontaktdaten.

GG-Cert Gütegemeinschaft	Fachverband Innendämmung (FVID) e.V.
Naturstein, Kalk und Mörtel e.V.	
Annastr. 67-71	Kettenhofweg 14-16 / 3.St.
D-50968 Köln	D-60325 Frankfurt am Main
FON: 02 21 / 93 46 74-0	FON: 0 69 / 97 12 13 13
MAIL: info@gg-cert.de	MAIL: post@fvid.de
Ansprechpartner: Dipl.-Min. Holger Jensen	Ansprechpartner: Dipl.-Ing. Jürgen Gänßmantel

2   Erste RAL-zertifizierte Baustelle WITVITAL

2.1   Die Entscheidung für eine Innendämmung

Aufgrund der schönen bestehenden Außenfassade des Gebäudes war es naheliegend, die energetische Modernisierung von innen vorzunehmen.

Bild 2-1   Außenfassade WITVITAL – zu schön, um überdämmt zu werden (Quelle: Fa. GUTEX).

Hinzu kommt, dass das sanierte Dachgeschoss für Veranstaltungen lediglich temporär genutzt wird. Hier kann die Innendämmung ihre Stärken ausspielen. Da die Wärmedämmung mehr oder weniger direkt an den Innenraum grenzt, wird der Wärmedurchgang durch die Außenwand frühzeitig „gebremst". Hierdurch ist deutlich weniger Energieeintrag in die Bauteilkonstruktion erforderlich, um zeitnah nach Beginn des Heizvorgangs eine angenehme Raumtemperatur zu erreichen. Die Oberflächentemperatur der Wand erhöht sich schnell zusammen mit der Raumtemperatur, dies fördert die Wohnbehaglichkeit. Denn durch die geringere Temperaturdifferenz zwischen Wandoberfläche und Raumluft wird weniger Luftbewegung erzeugt. Die geringere Luftbewegung sorgt dafür, dass die Raumtemperatur als behaglich empfunden wird. Da sich die empfundene Temperatur je nach örtlichen Gegebenheiten durch eine Innendämmung um bis zu 3 bis 4 °C gegenüber der tatsächlichen Raumtemperatur erhöht, wird über die verbesserte Wärmedämmung hinaus zusätzlich Heizenergie eingespart.

2.2   Die Entscheidung für GUTEX Intevio®-Innendämmsystem

Bauphysikalische Sicherheit bei gleichzeitig hohem Wohnkomfort und Ökologie, das stand für den Bauherrn ganz oben auf der Anforderungsliste. Da kam es gerade recht, dass kurz zuvor das GUTEX Innendämmsystem Intevio® – bestehend aus einer Holzfaserdämmplatte GUTEX Thermoroom® und weber.therm-Putzsystem auf Kalkzementputzbasis – als erstes und einziges Innendämmsystem eine RAL-Zertifizierung erlangen konnte. Die RAL-Güteüberwachung umfasst die Herstellung, Qualität, Systemverträglichkeit und Systemeignung der Intevio-Systemprodukte. Gleichzeitig stand mit Fa. Harald Amann ein frisch gebackener RAL-qualifizierter Fachbetrieb zur Verfügung, der die strengen RAL-Güte und Prüfbestimmungen einzuhalten vermochte. Dadurch, dass die Systemprodukte RAL-zertifiziert und der ausführende Fachbetrieb RAL-qualifiziert sind, konnte dem Anliegen des Bauherrn entsprochen und seine Baustelle als RAL-zertifizierte Baustelle ausgeführt werden.

Die Ergebnisse sind positiv. Abgesehen von der optischen Verbesserung, die mit der Innendämmung erreicht wurde, kann sich auch das energetische Ergebnis sehen lassen. Ausgeführt mit einer 60 mm GUTEX Thermoroom® Holzfaserdämmplatte konnte der U-Wert von ursprünglich ca. 1,5 W/m²K auf ca. 0,5 W/m²K gesenkt werden. Heißt: Rechnerisch geht durch die Außenwand zukünftig nur noch ca. ein Drittel der Wärmeenergie gegenüber vorher verloren. Oder anders ausgedrückt: Zwei Drittel der Energie, die bisher durch die Außenwand verloren ging, wird zukünftig eingespart. Komfort im Wohnraum und im Geldbeutel.

2.3   Die Herausforderungen

Das grundsanierte Haus WITVITAL sieht eine anspruchsvolle Mischnutzung aus Wohnen und Arbeiten vor. „Gesundheit und Bewegung – ein gutes Gefühl", so lautet das Motto. Im großen Saal im Dach sind Ausstellungen, Konzerte und weitere kulturelle Veranstaltungen in angenehmer Atmosphäre geplant.

Zudem bestand der unbedingte Wunsch, die Innenansicht des schönen, verschnörkelten Dachgebälks möglichst zu erhalten. Die Baustelle wies damit extrem viele Ecken, Verwinkelungen sowie verschiedene Untergründe, die durch Verwendung verschiedener Dämmstoffdicken im Rahmen der einzuhaltenden bauphysikalischen Nachweisgrenzen angeglichen und angepasst werden mussten, auf. Damit war insbesondere die Ausführung eine der größten Herausforderungen.

Bild 2-2 Ecken, Verwinkelungen und verschiedener Untergründe – eine Herausforderung (Quelle: Fa. GUTEX).

2.4   Das zertifizierte GUTEX-System „Invetio"

Das zertifizierte Innendämmsystem „Intevio" besteht aus einer druckfesten, homogenen GUTEX-Holzfaserdämmplatte und einem vom Putzhersteller Saint Gobain Weber hergestellten Kalkzementputzsystem. Holzfaserdämmung und Kalk passen ideal zusammen. Beide zeichnen sich durch Bestwerte bei Diffusionsoffenheit, Feuchtepuffervermögen und aktivem Feuchtetransport aus – ideale Voraussetzungen für ein „Kondensat-tolerierendes" Innendämmsystem.

Der Systemaufbau in der Schichtenfolge, beginnend mit der Bestandswand ist in Bild 2-3 dargestellt.

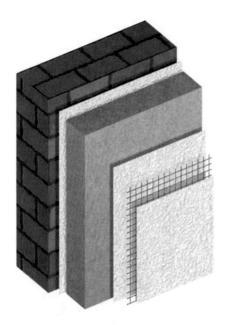

Bild 2-3 Schichtenaufbau GUTEX-Innendämmsystem „Intevio®" (Quelle: Fa. GUTEX).

1. Bestandswand (z. B. Mauerwerk)
2. Ausgleichs- und Klebeschicht weber.therm 301 Klebe- und Armierungsmörtel
3. Holzfaserdämmplatte GUTEX Thermoroom®
4. Unterputz weber.therm 301 Klebe- und Armierungsmörtel und weber.therm 311 Armierungsgewebe
5. Oberputz weber.cal Kalkputze

Das RAL-Gütezeichen bestätigt, dass Intevio® höchste Qualitätsanforderungen erfüllt und sich durch besondere Nachhaltigkeit, hohe Sicherheit sowie ökologische und gesundheitliche Verträglichkeit auszeichnet.

2.5   Bericht – Verarbeitung an der Baustelle

Nach dem Motto „Bilder sagen mehr als Worte" wird im Folgenden die systemgerechte Verarbeitung des GUTEX-Innendämmsystems in chronologischer Reihenfolge und anhand geeigneter Bilder erklärt.

Schritt 0:
Zum Herstellen eines ausreichend planebenen Untergrundes wird eine Spachtel- und Ausgleichsschicht mit weber.therm 301 Klebe- und Armierungsmörtel in einer Dicke von bis zu 20 mm aufgebracht.

Schritt 1:
Die GUTEX Thermoroom®-Holzfaserdämmplatten können mit einer Stich-, Kreis- oder Alligatorsäge auf Maß zugeschnitten werden.

Bild 2-4   Schritt 1 (links): Zuschnitt der Holzfaserdämmplatten mit einer Stichsäge / Schritt 2 (rechts): Auftrag Klebe- und Armierungsmörtel mittels Zahntraufel (Quelle: Fa. GUTEX).

Schritt 2:
Den Armierungsmörtel (weber.therm 301 Klebe- und Armierungsmörtel) auf GUTEX Thermoroom® auftragen und mit einer mindestens 8 x 8 mm Zahntraufel gleichmäßig verteilen. Um Konvektion feuchter Luft in Hohlräume zwischen Dämmplatten und Außenwand zu verhindern, ist es wichtig, die Dämmplatten vollflächig auf dem Untergrund zu verkleben.

Schritt 3:
Platten werden mit einem Stoßversatz von mindestens 30 cm verlegt. Kreuzfugen sind
nicht zulässig. An Fenster- und Türöffnungen dürfen Öffnungsecken und Plattenfugen
nicht aufeinanderstoßen. In Fenster-, Türlaibungen und unter Fensterbänken muss mit
mindestens 20 mm dicken GUTEX Thermoroom®-Platten gedämmt werden. Anschlüsse
an andere Baukörper müssen luftdicht ausgeführt werden, um somit Konvektion zu un-
terbinden.

Bild 2-5 Schritt 3: Verlegung und Verklebung der Platten (Quelle: Fa. GUTEX).

Schritt 4:
Armieren mit weber.therm 301 in einer Dicke von mindestens 4 mm auf GUTEX Ther-
moroom®. Das GUTEX Universal-Armierungsgewebe im äußeren Drittel der Beschichtung mit einer Überlappung von mindestens 10 cm vollflächig einbetten. An Gebäudeöff-
nungsecken zusätzlich diagonal armieren. Abschließend das eingebettete Armierungsgewebe nochmal dünn mit GUTEX Klebe- und Spachtelputz überarbeiten.

Bild 2-6 Schritt 4: Aufbringen Armierungsputz inkl. Armierungsgewebe aufbringen.

Schritt 5:

Je nach Struktur und Feinkörnigkeit des Deckputzes ist zu empfehlen, vor Aufbringen des Deckputzes mit GUTEX Feinspachtel eine putzfähige Oberfläche herzustellen. Abschließend wird ein mineralischer Deckputz (weber.cal 178 Kalkglätte) in der gewünschten Korngröße und Struktur aufgebracht.

Bild 2-7   Schritt 5: Applizieren des Deckputzes (Oberputzes) (Quelle: Fa. GUTEX).

3   Neues Raumgefühl – Impressionen

Bild 3-1   Impressionen Raumgefühl (Quelle: Fa. GUTEX).

4   Literatur

[1]   Offizielle Liste der RAL GG. https://www.gg-cert.de/fileadmin/ME-DIA/PDF/bauprojekte/RAL-IDS-qualifizierte_Betriebe_Verarbeiter_2016-07-01.xlsx.pdf (letzter Zugriff: 15.08.2018).

Oberseitige Dämmungen historischer Saaldecken am Beispiel der Bremer Glocke

M.Sc. Kerstin Paschko[1], Arnold Drewer[1]

1 IpeG-Institut, Mönchebrede 16, 33102 Paderborn, Deutschland

Die Dämmung des oberen Gebäudeabschlusses ist ein wichtiger Bestandteil einer energetischen Altbausanierung. Wenn möglich, ist es einfacher und kostengünstiger statt des gesamten Daches nur die oberste Geschossdecke zu dämmen. Dies kann auch bei denkmalgeschützten Gebäuden durchgeführt werden, wie am Beispiel des Konzerthauses „Bremer Glocke" dargestellt wird. Bei der Planung der Dämmung des historischen Gebäudes mussten verschiedene Aspekte berücksichtigt werden. Statik und Akustik limitierten abhängig von der Materialdichte die Dämmdicke und auch Brandschutzaspekte mussten beachtet werden. Aufgrund seiner geringen Dichte wurde Zellulose ausgewählt, wodurch die Dämmdicke im Vergleich zur schwereren Steinwolle maximiert werden konnte. Durch die Aufblasdämmung mit Zellulose konnten Heizöl und -kosten um 30% verringert werden. Die Amortisationszeit lag bei unter 4 Jahren.

Schlagwörter: niedriginvestive Dämmverfahren, oberste Geschossdecke, nachträgliche Wärmedämmung, Bremer Glocke, Zellulose

1 Dämmung oberster Geschossdecken

Bis zu 25-30 % der Wärmeverluste gehen über das Dach verloren. Damit ist der obere Gebäudeabschluss eine energetische Schwachstelle von Gebäuden. Die Größenordnung der Wärmeverluste ist vergleichbar mit denen, die über die Außenwände verloren gehen.

Die Möglichkeiten den oberen Gebäudeabschluss zu dämmen, richten sich danach, ob und wie das oberste Geschoss genutzt wird. Bei Verwendung als Wohnraum wird der Gebäudeteil beheizt, wodurch eine Dämmung des gesamten Daches erforderlich wird. Wird der Raum nicht genutzt bzw. muss wegen seiner Funktion als Lager o.ä. nicht beheizt werden, bietet sich hingegen die Dämmung der obersten Geschossdecke an. Dahinter steckt das Prinzip der Hüllflächenoptimierung, bei dem durch Trennung von beheizten und unbeheizten Gebäudeteilen Effizienz und Kosteneinsparungen maximiert werden. Die Dachfläche ist um ein Vielfaches größer als die oberste Geschossdecke. Eine komplette Dachdämmung würde folglich einen höheren Material- und Arbeitsaufwand bedeuten und ist auch ein insgesamt aufwendigeres Verfahren als die Dämmung der obersten Geschossdecke. Außerdem würde die unbewohnte oberste Geschossdecke indirekt durch die darunterliegenden beheizten Wohnräume beheizt, wodurch die Heizenergiekosten vergleichbar höher wären.

© Springer Fachmedien Wiesbaden GmbH, ein Teil von Springer Nature 2018
B. Weller und L. Scheuring (Hrsg.), *Denkmal und Energie 2019*,
https://doi.org/10.1007/978-3-658-23637-3_11

1.1   Rechtliche Grundlagen

Eine Dämmpflicht für die oberste Geschossdecke wurde bereits im Jahr 2002 in der Energieeinsparverordnung festgelegt. In der EnEV 2009 wurde die Nachrüstpflicht nur auf ungedämmte obere Gebäudeabschlüsse begrenzt. Präzisiert wurden die Anforderungen in der EnEV 2014. Demnach müssen alle oberen Gebäudeabschlüsse gedämmt werden, die nicht einen Mindestwärmeschutz von 0,9 W/(m²·K) erfüllen. Eine Nicht-Einhaltung macht eine Dämmung erforderlich, durch die der Wärmedurchgangskoeffizient auf 0,24 W/(m²·K) (Wohngebäude und Nichtwohngebäude mit einer Solltemperatur > 19°C) reduziert wird. Ausnahmen gibt es z.B. für Holzdecken und bei Selbstnutzung von 1-2 Familienhäusern.

Tabelle 1-1 Anforderungen der EnEV (2014) und KfW an den U-Wert oberster Geschossdecken und entsprechende Dämmdicken (die Dämmdicken beziehen sich auf eine massive, ungedämmte Betondecke).

	Anforderungen EnEV: Nichtwohngebäude (Solltemperatur 12-19°C)	Anforderungen EnEV: Wohngebäude und Nichtwohngebäude (Solltemperatur > 19°C)	Anforderungen KfW (Einzelmaßnahme)	Passivhausstandard
U-Wert [W/(m²·K)]	0,35	0,24	0,14	0,10
Dämmdicke (λ = 0,040 W/(m·K)	92 mm	145 mm	255 mm	360 mm

1.2   Ausführungsmöglichkeiten

Die Ausführungsmöglichkeiten der Dämmung einer obersten Geschossdecke sind abhängig von der Konstruktion und der geplanten Nutzung. Bei Kehlbalkenlagen sind Hohlschichten vorhanden, die mit einem Einblasdämmstoff verfüllt werden können. Durch Aufdopplung der Balken kann der Hohlraum vergrößert und der Dämmstandard entsprechend verbessert werden. Massive Betondecken und Nagelbinderkonstruktion erfordern eine oberseitige Dämmung. Theoretisch ist eine Vielzahl an Materialien einsetzbar. Jedoch ist die Verlegung von Platten- und Mattendämmstoffen sehr arbeitsaufwändig, insbesondere bei Nagelbinderkonstruktionen. Schneller und einfacher lassen sich Einblasdämmstoffe aufbringen. Ein offenes Aufblasen ist möglich, wenn die oberste Geschossdecke nicht genutzt wird. Da der Aufwand entsprechend klein ist, ist dies die mit Abstand kostengünstigste Methode. Wird der Raum als Lager o.ä. verwendet, werden auf Dämmhülsen Holzspanplatten verlegt. Der entstandene Hohlraum wird ebenfalls mit einem Einblasdämmstoff ausgeblasen.

1.3   Wirtschaftlichkeit

Die Kosten werden durch die gewählte Ausführungsart bestimmt und sind im Vergleich mit anderen Dämmmaßnahmen sehr gering. Die Vollkosten beim Ausblasen von Holz-balkendecken auf EnEV-Standard betragen durchschnittlich 19,50 €/m². Eine begehbare Dämmung mit der Dämmhülsenkonstruktion kostet durchschnittlich 35 €/m², die nicht-begehbare Ausführung 11 €/m². Die Amortisationszeiten sind abhängig vom bisherigen und erreichten Dämmstandard sowie dem individuellen Heizverhalten und liegen bei circa 4 Jahren.

2   Das historische Konzerthaus „Bremer Glocke"

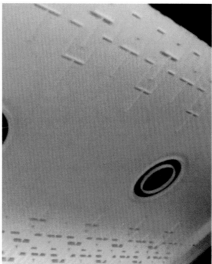

Bild 2-1 Außenansicht auf die Bremer Glocke (links). Innenansicht großer Saal: abgehängte Decke mit Stuckelementen (rechts)

Bei der Bremer Glocke handelt es sich um ein Konzerthaus, welches in der heutigen Bau-weise seit 1928 existiert. Die Geschichte des Gebäudes geht jedoch bis ins frühe Mittel-alter zurück. Damals stand an der Stelle ein Domstift mit seitlichem Anbau, der Teil eines Klosters war und aufgrund seines Aussehens angeblich den Namen „Glocke" erhielt. Als Konzertsaal wurde das Gebäude ab dem 19. Jahrhundert genutzt. Der gesamte Domstift wurde 1915 durch einen Großbrand zerstört. Der Neubau wurde im Art decó Stil konzi-piert, der beispielsweise auch beim Chrysler Building in New York Verwendung fand. Ursprünglich sollte der erhalten gebliebene Kreuzgang integriert werden, was jedoch beim Bau nicht umgesetzt wurde. Allerdings wurde der Grundriss des alten Domstifts übernommen und an der Domsheide ein großer Treppengiebel integriert. Das entstandene

Konzerthaus hat einen großen Saal mit 1400 Plätzen und einen kleinen Saal mit 391 Plätzen.

Seit 1973 ist das Gebäude denkmalgeschützt. Zwischen 1995-1997 gab es Sanierungsmaßnahmen. Energieeffizienzmaßnahmen einschließlich der Wärmedämmung wurden 2009 durchgeführt.

2.1   Vorüberlegungen zu Energieeffizienzmaßnahmen

In dem Bremer Konzerthaus finden jährlich über 300 Veranstaltungen statt. Auch die Aufbewahrung historischer Instrumente macht eine konstante Raumtemperatur oberhalb von 20°C erforderlich. Dadurch muss das Gebäude während der Heizperiode durchgehend beheizt werden. Der jährliche Heizölverbrauch belief sich in den Jahren 2004-2008 auf 120.000-124.000 Liter. Entsprechend lagen die Heizkosten 2004 bei 40.500 € und stiegen durch die Heizölpreisentwicklung bis 2008 auf 70.000 € und damit um mehr als 70 %. Der Heizölverbrauch und die Prognosen zur Heizkostenentwicklung machten Energieeffizienzmaßnahmen erforderlich. Bei der Planung der Dämmmaßnahmen mussten jedoch die gebäudebezogenen Gegebenheiten berücksichtigt werden. Viele Bauteile der Bremer Glocke konnten nicht gedämmt werden. Dies galt auch für die Außenwand. Eine Außen- und Innendämmung war aus Denkmalschutzgründen nicht möglich und wäre vom Betreiber vermutlich auch nicht gewollt gewesen, da dadurch die besondere Optik eingebüßt hätte. Es gibt kein zweischaliges Mauerwerk, welches verfüllt werden könnte. Dadurch konnte als einziges Bauteil die Decke energetisch saniert werden. Bei dieser handelt es sich um eine abgehängte Decke mit Stuckelementen. Technisch gesehen entspricht dies einer obersten Geschossdecke.

2.2   Beschreibung der Deckenkonstruktionen

Durch die abgehängte Decke wird beheizter und unbeheizter Raum getrennt. Die Gesamtfläche beträgt ca. 1000 m². Die Aufhängung erfolgt mit Stahldrähten, welche in Abständen von circa einem Meter an der Decke angebracht sind. Ansatzweise gedämmt war die Decke durch aufliegende 2 cm dicke Torfplatten, die aufgrund ihrer Wärmeleitfähigkeit und Dicke praktisch keinen Effekt hatten. Eine Statik war für die Decke nicht vorhanden. Die Deckenkonstruktion hat einen wesentlichen Anteil an der einzigartigen Akustik des Konzerthauses. Die aufgehängte Decke kann wie ein Resonanzkörper mitschwingen. Dies musste bei der Planung und Durchführung der Dämmarbeiten berücksichtigt werden.

Bild 2-2 Ansicht auf die abgehängte Decke von oben.

3 Das Dämmvorhaben

Die Besonderheiten der Konstruktion und die hohen Anforderungen an Raumklima und Akustik stellten eine Herausforderung an die Dämmmaßnahme dar. Bereits im Jahr 2007 wurden die Planungen begonnen, die Durchführung erfolgte erst Anfang 2009.

3.1 Vorüberlegungen und Planung

Eine Dämmung mit Matten- oder Plattendämmstoffen wurde direkt ausgeschlossen. Zum einen war die abgehängte Decke nicht begehbar, wodurch eine Verlegung der Dämmstoffe nicht möglich gewesen wäre. Zum anderen hätten die Stahldrähte der Deckenaufhängung eine lückenlose Verlegung stark behindert. Rieselfähige Schütt- oder Aufblasdämmstoffe konnten nicht verwendet werden, da Undichtigkeiten nicht ausgeschlossen werden konnten und somit die Gefahr von Durchrieselungen bestand. Als einzige Möglichkeit bot sich das Aufblasen eines faserförmigen Dämmstoffes an.

Zur Auswahl standen damals die faserförmigen Einblasdämmstoffe Zellulose und Steinwolle. Bei der Entscheidung mussten drei Aspekte berücksichtigt werden: die Statik, die Akustik und der Brandschutz. Kosten spielten eine nachrangige Rolle.

Tabelle 3-1   Vergleich von Zellulose- und Steinwolle-Einblasdämmstoffen.

Dämmstoff	Wärmeleitfähigkeit [W/(m·K)]	Dichte [kg/ m³]	Brandschutz	Materialkosten [€/m³]
Zellulose	0,039	30	B2/B2-s2, d0	25
Steinwolle	0,040	80	A1	80

Für die Statik und Akustik war ein Dämmmaterial mit geringen Dichten vorteilhaft. Von Statikern wurde die maximal zulässige Belastung auf 10 kg/m² festgelegt. Somit hätten viele Materialien verwendet werden können. Jedoch wurde durch die Dichte des Dämmstoffes die maximale Dämmdicke limitiert. Durch die höhere Dichte von Steinwolle hätten maximal 12,5 cm aufgebracht werden können. Dies hätte nicht einmal gereicht, um die Anforderungen der EnEV zu erfüllen. Wegen der geringeren Dichte von Zellulose war eine Dämmdicke von 30 cm möglich. Entsprechend wäre der erreichte Dämmstandard höher als bei einer Dämmung mit Steinwolle. Der dritte wichtige Aspekt war der Brandschutz. Während Steinwolle als mineralischer Dämmstoff als nicht brennbar (A1) eingestuft ist, gelten Zelluloseeinblasdämmstoffe in der Baustoffklasse B2 als normal entflammbar. Eine genauere Klassifikation nach EN ISO 9239-1 führte jedoch zu einer Einstufung des Zellulosedämmstoffes in die Kategorie B-s2, d0 und somit als schwer entflammbar (B) mit begrenzter Rauchentwicklung (s2) und ohne Abtropfen oder Abfallen des Dämmstoffs bei Feuer (d0). Deswegen war die Verwendung von Zellulose auch aus Brandschutzgründen möglich.

Wenn auch nachrangig betrachtet, hatte der Zellulosedämmstoff auch aus finanzieller Sicht Vorteile. Die Materialkosten waren um das 3-fache günstiger als die damals erhältliche Steinwolle.

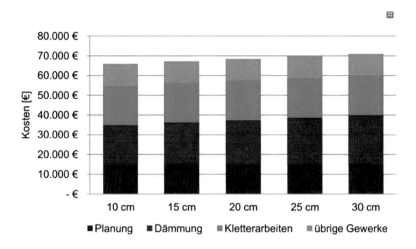

Bild 3-1 Zusammenhang zwischen Gesamtkosten der Maßnahme und Dämmdicke.

Die Dicke des Dämmstoffes hatte nur einen geringen Anteil an den Gesamtkosten und entsprach in etwa dem höheren Materialverbrauch. Dadurch wurde entschieden, die aus statischer und akustischer Sicht maximal mögliche Dämmdicke von 30 cm aufzublasen.

3.2 Durchführung

Bevor die Dämmung durchgeführt werden konnte, war eine Genehmigung der Feuerwehr und des Bauordnungsamtes erforderlich. Den Dämmarbeiten vorausgehend waren Industriekletterer gefordert, Undichtigkeiten, Schlitze und Öffnungen zu schließen. Die Dämmarbeiten selber gestalteten sich als unproblematisch. Durch ein Fenster an der Giebelseite konnten die Einblasschläuche in das Konzerthaus eingeführt werden. Oberhalb der abgehängten Decke gab es einzelne Gehsteige, über die Bauarbeiter an alle Stellen gelangten und somit eine gleichmäßige Dämmung gewährleistet konnten.

Bild 3-2 Dachdämmarbeiten an der Bremer Glocke: Dach von außen (oben), oberste Geschossdecke des Konzerthauses „Bremer Glocke", gedämmt mit Zellulose-Einblasdämmstoff (unten).

In den Gesamtkosten der Dämmmaßnahme sind neben den tatsächlichen Dämmarbeiten auch Kosten für Planung, Kletterarbeiten und übrige Gewerke enthalten. Insgesamt betrugen sie 71.000 €. Davon machte die Dämmung mit 25.000 € etwa 30 % aus. Die reinen Materialkosten für die Zellulose lagen bei etwa 6.250 €.

Tabelle 3-2 Kosten der Dämmmaßnahme.

Planungskosten	Dämmung	Kletterarbeiten	Übrige Gewerke	Gesamt
15.000 €	25.000 €	20.000 €	11.000 €	71.000 €

3.3 Das Ergebnis

Vor der Dämmmaßnahme betrug der Heizölverbrauch durchschnittlich 122.000 Liter jährlich. Durch die Energieeffizienzmaßnahme konnte der Verbrauch auf unter 100.000 Liter gesenkt werden. Vergleicht man den tatsächlichen Verbrauch von 2010 mit dem aufgrund der Heizgradtage erwarteten Verbrauch von 130.000 Liter Heizöl, entspricht dies einer Verminderung um 39.500 Liter bzw. 30 %.

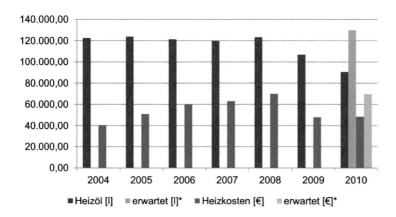

Bild 3-3 Entwicklung des Heizölverbrauchs und –kosten zwischen 2004-2008 (vor der Maßnahme) und 2010 (nach der Maßnahme).

Entsprechend lagen auch die Heizkosten 30 % unterhalb des Wertes ohne vorgenommene Dämmung. Durch jährliche Einsparungen, beginnend mit circa 20.000 € im Jahr 2010, amortisierte sich die Maßnahme bereits 4 Jahren.

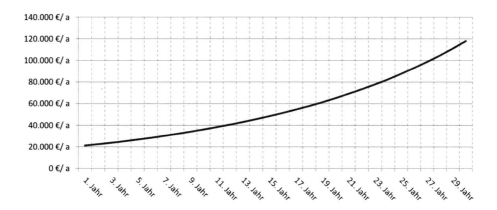

Bild 3-4 Jährliche Heizkosteneinsparungen für 30 Jahre.

Auch aus Gründen des Klimaschutzes lohnte sich die Maßnahme. So konnte der CO_2-Ausstoß des Gebäudes um jährlich 110 Tonnen gesenkt werden.

Bewertung der energetischen Qualität von Verglasungen am Campus der TU Dresden

M.Sc. Maartje van Roosmalen[1], Dipl.-Ing. Dennis Thorwarth[1], Prof. Dr.-Ing. Bernhard Weller[1]

1 Technische Universität Dresden, Institut für Baukonstruktion, August-Bebel-Straße 30,

01219 Dresden, Deutschland

In der Praxis können die thermischen Schwachstellen in der Gebäudehülle – die Fenster – mittels Thermografieaufnahmen qualitativ abgebildet werden. Offen bleibt jedoch die quantitative Bewertung der eingebauten Verglasung, da der Wärmedurchgangskoeffizient der Verglasung (U_g-Wert) durch diese Aufnahmen nicht bestimmbar ist. Somit kann auch keine Aussage getroffen werden, ob die Anforderungen an den vorgegebenen Wärmeschutz erfüllt werden. Schlussendlich können die Aussagen über die Qualität der Verglasung lediglich getroffen werden, wenn der vor Ort gemessene U_g-Wert bekannt ist.

Transparente Bauteile weisen mit die höchsten Transmissionswärmeverluste in der thermischen Gebäudehülle auf. Allein durch sie entstehen signifikante Wärmeverluste am Gebäude. Im Zuge einer Sanierung können durch die Installation energetisch verbesserter Fenster Energieverluste verringert und die thermische Behaglichkeit sowie der Schallschutz verbessert werden. Wichtiger Aspekt dabei ist eine fachgerechte Ausführung des Anschlusses an den Baukörper, um eine Schadensfreiheit zu gewährleisten. Gerade bei der Betrachtung von Gebäudequartieren mit großen Fensterflächenanteilen ergibt sich durch die Erarbeitung von Musterdetaillösungen ein großes Multiplikationspotential.

In diesem Beitrag werden Möglichkeiten zur Bewertung der energetischen Qualität von Verglasungen für den Gebäudebestand aufgezeigt und erste Zwischenergebnisse für den Campus der TU Dresden präsentiert. Die gewonnenen Messergebnisse werden mit Literatur- und Normangaben verglichen und gegenübergestellt.

Schlagwörter: Fenster, Verglasung, U-Wert, Bestand, Sanierung, Transmission, Thermografie

© Springer Fachmedien Wiesbaden GmbH, ein Teil von Springer Nature 2018
B. Weller und L. Scheuring (Hrsg.), *Denkmal und Energie 2019*,
https://doi.org/10.1007/978-3-658-23637-3_12

1   Einführung

Im Fokus der Energiewende steht unter anderem die energetische Gebäudesanierung, mit dem von der Bundesregierung formulierten Ziel der Erreichung eines nahezu klimaneutralen Gebäudebestandes in Deutschland bis 2050. Allerdings stellt der Gebäudebestand im Vergleich zum Neubau, bei welchem das Effizienzniveau der Gebäude vorgeschrieben ist und in der Vergangenheit kontinuierlich angehoben wurde, noch eine sehr große Herausforderung dar. In Deutschland gibt es beispielsweise 18 Mio. Wohngebäude, wovon etwa 70 % vor 1979 errichtet wurden. Zu dieser Zeit gab es noch keine bzw. äußerst geringe Anforderungen an den Wärmeschutz. [1]

Dementsprechend wichtig ist es, den gegenwärtigen Ist-Zustand eines Gebäudes zu kennen, um aufbauend geeignete Maßnahmen zur Steigerung der energetischen Sanierungstätigkeit mit dem Ziel den Energieverbrauch zu senken, auszuarbeiten. Bislang gibt es nur wenige Informationen über den Gebäudezustand, um eine Aussage zu dessen energetischer Qualität, ausgedrückt durch den Wärmedurchgangskoeffizienten (U-Wert), wiederzugeben, so dass häufig auf Literaturwerte zurückgegriffen wird. [2] Damit kann zwar ein theoretisches Einsparpotential ermittelt werden, allerdings können sich wesentliche Unterschiede zwischen Bestand und Annahme ergeben, so dass das Einsparpotential häufig Spekulation ist. Gerade Transmissionswärmeverluste durch die wärmeübertragende Umfassungsfläche beeinflussen bspw. maßgebend den Heizwärmebedarf.

Im Rahmen des Forschungsprojektes CAMPER (CampusEnergieverbrauchsReduktion – Auf dem Weg zum Energieeffizienzcampus der TU Dresden, FKZ 03ET1319A) [3] werden Entwicklungsszenarien für die energetische Gebäudesanierung des Campus der TU Dresden betrachtet. Der Fokus der Betrachtung liegt in der Erfassung und Analyse des Fensterbestandes für den Campus der TU Dresden und der Ausarbeitung von wiederkehrenden Konstruktionsvarianten.

2 Bestimmung des Wärmedurchgangskoeffizienten für Verglasungen

2.1 Allgemein

Es gibt mehrere Möglichkeiten, den U_g-Wert zu ermitteln. Die folgende Übersicht zeigt die bisherigen Verfahren, die anschließend kurz erläutert werden:

- Literatur
- DIN-Norm
- Messung

2.2 Literatur

Die einfachste Möglichkeit den U_g-Wert einer Verglasung zu bestimmen, ist die Pauschalwertmethode. Diese Methode stellt eine vereinfachte Ermittlung der energetischen Qualität bestehender Bauteile dar, falls keine genauen Informationen vorliegen. Die Pauschalwerte stützen sich auf Erfahrungswerte und wurden im Rahmen eines Forschungsprojekts [4] ermittelt. Das Vorgehen ist dabei relativ einfach gehalten. Anhand der Fensterkonstruktion, wie bspw. Holz-, Kunststoff- oder Aluminiumfenster, und des Gebäudealters kann das Gebäude in eine Baualtersklasse eingeordnet und der U_w-Wert für das gesamte Fenster oder U_g-Wert abgelesen werden (Tabelle 2-1). Allerdings gibt es keine weiterführenden Informationen bzgl. der Gasfüllung oder Beschichtung. Die hier angegebenen Werte beziehen sich auf Nichtwohngebäude, da dieser Gebäudetyp hauptsächlich auf dem Campus der TU Dresden vorkommt.

Tabelle 2-1 Auszug aus: Pauschalwerte für den Wärmedurchgangskoeffizienten transparenter Bauteile [5].

Bauteil	Konstruktion	Eigenschaften	Baualtersklasse			
			bis 1978	1979 bis 1983	1984 bis 1994	ab 1995
Fenster	Holzfenster, einfach verglast	U_w	5,0			
		Glas	einfach			
		U_g	5,8			
	Holzfenster, zwei Scheiben[a]	U_w	2,7	2,7	2,7	1,6
		Glas	zweifach	zweifach	zweifach	MSIV2[b]
		U_g	2,9	2,9	2,9	1,4
a Isolierverglasung, Kastenfenster oder Verbundfenster b Mehrscheibenisolierverglasung						

Mit der Weiterschreibung der energetischen Anforderungen und Einführung der Energie-einsparverordnung (EnEV) im Jahr 2002 ergeben sich folgende Ergänzungen (Tabelle 2-2). Die EnEV differenziert nicht mehr in die Konstruktionsart, sondern schreibt allgemein einen Höchstwert für den U_g-Wert vor. Es ist darauf hinzuweisen, dass der Gebäudetyp Nichtwohngebäude erst mit der EnEV 2007 eingeführt wurde.

Tabelle 2-2   Höchstwerte für den Wärmedurchgangskoeffizienten transparenter Bauteile [6] - [9].

Bauteil	EnEV 2002 / EnEV 2007	EnEV 2009 / EnEV 2014
Verglasung (U_g)	1,5	1,1

2.3   DIN-Norm

Für die Berechnung des Wärmedurchgangskoeffizienten von Verglasungen ist das Berechnungsverfahren nach DIN EN 673 „Glas im Bauwesen – Bestimmung des Wärmedurchgangskoeffizienten – Berechnungsverfahren" anzuwenden. Mithilfe der Norm können verschiedene Glasarten mit oder ohne Beschichtungen berechnet werden. Einzig der Glasaufbau muss bekannt sein. Bei neueren Fenstern stehen meist einige Informationen zum Glasaufbau im Abstandshalter. Bei älteren Fenstern ist das eher selten bzw. gar nicht der Fall. Hierfür bietet sich in Kombination die Erfassung des Glasaufbaus mittels eines optischen Messgerätes bspw. dem Glasbuddy (Bild 2-1) an. Der Glasbuddy ist ein optisches Messgerät zur Analyse von Flachglas. Mit dessen Hilfe lassen sich Einfach-, Verbund-, Isolier- (zweifach und dreifach) und Brandschutzgläser messen. Anhand von Laserstrahlreflexion und Lichtbrechungen liefert er Informationen zu Glasdicke, Scheibenaufbau, Beschichtungen und deren Position. Sowohl im ein- oder ausgebauten Zustand kann die Messung durchgeführt werden. Mit einem sehr geringen Gewicht kann er überall auf die Baustelle mitgenommen werden, um vor Ort die Messungen aufzunehmen. Der Messbereich ist auf einen Glasaufbau von 100 mm begrenzt und seine Genauigkeit beträgt von +/- 0,1 mm. [10] Dennoch sollten die Ergebnisse am Ende auf Sinnhaftigkeit überprüft werden.

Bild 2-1   Glasbuddy [10].

2.4 Messung

2.4.1 Allgemein

Für die Bestimmung des U_g-Wertes von Verglasungen haben sich die mobilen und ortsfesten Messverfahren etabliert. Hierbei zeichnen sich die ortsfesten Messverfahren durch eine hohe Messgenauigkeit aus. Da die Verglasung zur Vermessung allerdings ausgebaut und abtransportiert werden muss, wurde dieses Verfahren für die vorliegende Untersuchung nicht herangezogen. Es wird deshalb an dieser Stelle zur Vollständigkeit erwähnt.

2.4.2 Mobiles Messverfahren

Mobile Messverfahren erlauben durch ihre kurze Messdauer eine Messung vor Ort, wobei sich durch die umweltbedingten äußeren Einflüsse Einschränkungen hinsichtlich der Genauigkeit ergeben. Zusätzlich können sie nur angewandt werden, wenn ein ausreichend großes und stationäres Gefälle zwischen der Innen- und Außentemperatur vorherrscht. [11]

Für die im Kapitel 3 gezeigte Analyse wurde das Produkt *Uglass* der Firma NETZSCH (Bild 2-2) verwendet. Das Messgerät besteht aus zwei beheizbaren Sensoren. Diese werden an beiden Seiten der Verglasung durch eine Saugpumpe angebracht. Danach wird die Verglasung durch den Sensor auf der einen Seite aufgeheizt und die Temperaturerhöhung ΔT auf der anderen Seite detektiert. Durch die Analyse des zeitlichen Verlaufs von ΔT kann der U_g-Wert der Verglasung bestimmt werden (Bild 2-2). Außerdem lassen sich laut Herstellerangaben Wärmedämmwerte von Zwei- und Dreifachverglasungen mit U_g-Werten zwischen 0,5 und 4 W/m²K bestimmen. [12]

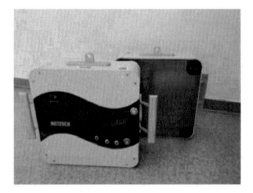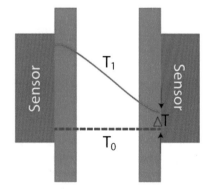

Bild 2-2 links: Mobiles Messgerät (Foto: van Roosmalen), rechts: Messprinzip nach [12].

3   Untersuchungsmethodik

Die TU Dresden ist durch eine Vielzahl an Bestandsgebäuden sowie Gebäudetypen geprägt. [13] Viele der Gebäude entsprechen nicht den energetischen Anforderungen der aktuell geltenden Vorschriften bzw. gab es in den vergangenen Jahren sukzessive Teilsanierungen, wodurch nicht bekannt ist, welche Verglasungen bereits ausgetauscht wurden. Im Rahmen einer Projektarbeit an der TU Dresden [14] erfolgte eine Studie zur energetischen Qualität von Fenstern. Ziel war es, mit Hilfe eines Messgerätes die Parameter der verschiedenen Fenster zu ermitteln. Das verwendete Messgerät wurde bereits in Kapitel 2.4.2 näher erläutert.

In einem ersten Schritt soll der Scheibenaufbau ermittelt werden, um anschließend den U_g-Wert nach Norm zu berechnen. Hierfür wird der Glasbuddy aus Kapitel 2.4.1 genutzt. Da eine einzelne Messung weniger als eine Minute dauert, können fast alle Gebäude erfasst und nach Norm berechnet werden. Die Dokumentation der Daten ist in Tabelle 3-1 festgehalten. Aufgrund der Vielzahl der Gebäude und der sich daraus ergebenden Anzahl an Fenstern werden nicht alle Verglasungen betrachtet, weshalb stichprobenartig mehrere Fenster je Etage und Himmelsausrichtung gemessen werden. Hinzu kommt, dass durch den laufenden Betrieb viele Räume, wie bspw. Büros oder Labore sowie auch Kellerräume, nicht zugänglich sind.

Tabelle 3-1   Dokumentation der Verglasung nach Aufbau, Ausrichtung und Häufigkeit im Gebäude. Hier beispielhaft ein Auszug für den Zeuner-Bau.

Scheibenaufbau	Ausrichtung	Häufigkeit im Gebäude
Kastenfenster 3/SZR120/3	N O S W	92 17 32 49
3-Scheibenverglasung 4<</SZR18/4/SRZ18/>>4	N O S W	16 9 43 30

In einem zweiten Schritt sollen die gleichen Verglasungen mit Hilfe des *Uglass* Messgerätes gemessen werden. Aufgrund der längeren Messdauer von 20-30 Minuten kann nicht die gleiche Anzahl wie mit dem Glasbuddy erreicht werden. Gebäude, die zurzeit saniert werden oder für welche eine Sanierung ansteht, gehen nicht in die Betrachtung ein.

Der Abschluss der Ausarbeitungen besteht in der Gegenüberstellung der sich für die verschiedenen Verglasungsarten ergebenden Wärmedurchgangskoeffizienten sowie eine Ableitung für dessen weitere Nutzung, bspw. für eine energetische Betrachtung.

4   Untersuchungsergebnisse

4.1   Allgemein

Die Ergebnisse werden in mehreren Schritten ausgewertet und nach der Reihenfolge der Bearbeitung präsentiert. Zuerst wurde festgehalten, welcher Fenstertyp in einem Gebäude vorkam. Daraus lassen sich bereits erste Erkenntnisse darüber gewinnen, ob es zuvor schon einen Fensteraustausch gab. Anschließend wurde die Verglasungsart ermittelt und der Aufbau mit dem Glasbuddy gemessen. Hieraus ließ sich der U_g-Wert nach Norm bestimmen. Als letztes folgten die Messwerte des U_g-Wertes mit dem Messgerät und abschließend gibt es eine Gegenüberstellung der drei zuvor genannten Verfahren.

4.2   Fenstertyp und Verglasungsart

Die erste und einfachste Analyse geschah anhand einer Gebäudebegehung. Oftmals kann von außen gesehen werden, welcher Fenstertyp vorlag. Unterschieden wurde in Einfach-, Zweifach-, Dreifachverglasung sowie Doppelfenster. Die Doppelfenster unterteilen sich nochmal in Kasten- und Verbundfenster. Die Aufnahme der Fenster zeigt, dass größtenteils Fenster mit einer Zweifachverglasung vorkommen (Bild 4-1). Gebäude, die Anfang des 20. Jahrhunderts erbaut wurden, weisen noch Kastenfenster auf. Bei älteren Gebäuden wie dem Zeuner- oder Schumann-Bau (ZEU - Baujahr 1926; SCH - Baujahr 1906) zeigt sich, dass bereits Fenster ausgetauscht wurden. Hier gab es sowohl Zweifachverglasungen als auch Kastenfenster. Vereinzelnd kommen noch Einfachverglasungen vor.

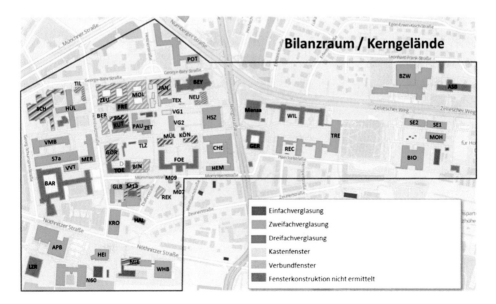

Bild 4-1   Hauptcampus mit Darstellung der Fenstertypen.

4.3 U_g-Wert nach Norm

Während der Gebäudebegehung wurde neben der Aufnahme der Verglasungstypen gleichzeitig der Scheibenaufbau mithilfe des Glasbuddys aufgenommen. Das Vorgehen wurde in Kapitel 3 beschrieben. Im Bild 4-2 sind die Ergebnisse zusammengefasst. Dargestellt ist der nach Norm berechnete U_g-Wert je Gebäude. Der U_g-Wert setzt sich aus dem Durchschnittswert aller Verglasungen für ein Gebäude zusammen. Damit soll gezeigt werden, welcher Wert sich am Ende ergibt, wenn nur ein Wert, wie er in der Literatur vorkommt, angesetzt wird.

Die Einstufung der energetischen Qualität der Verglasung wird durch eine farbliche Abstufung hervorgehoben. Gebäude mit einer grünen Farbe weisen sehr gute Verglasungen auf, wohingegen Gebäude mit einer roten Farbe eher schlechtere Verglasungen haben. Grau bedeutet, dass keine Messung vorgenommen wurde, Gebäude mit einer schwarzen Umrandung wurden mit dem *Uglass* Messgerät miterfasst. Die Grenzen der Einstufung erfolgten anhand der U_g-Werte nach Vorgaben der Literatur und EnEV. Da der Bereich zwischen 1,4 und 2,9 W/m²K sehr groß gewählt ist, wird eine weitere Unterteilung vorgenommen.

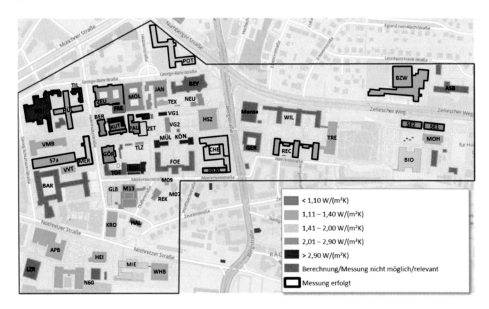

Bild 4-2   Hauptcampus mit Darstellung der berechneten U_g-Werte als Durchschnittswert.

Die Auswertung zeigt, dass kein Gebäude auf dem Hauptcampus vorkommt, dass im Durchschnitt Verglasungen hat, die besser als 1,1 W/m²K sind. Die meist älteren Gebäude liegen im orangefarbigen Bereich, neuere Gebäude ab 1990, vereinzelnd auch ältere Gebäude, liegen im gelben und grünen Bereich. Bei den älteren Gebäuden, die einen besseren U_g-Wert haben, wurden oftmals einzelne Fenster ausgetauscht, wodurch der Durchschnittswert verbessert wird.

4.4   Vergleich Literatur, Norm und Messung

Um die Ergebnisse untereinander vergleichen zu können, wurde zum einen der Durchschnittswert des Verglasungstyps in Abhängigkeit des Gebäudealters (Baualtersklasse) gebildet und zum anderen nur die Verglasungen herangezogen, für die es einen berechneten und gemessenen Wert gab, um die Vergleichbarkeit zu gewährleisten. Da nach 1994 errichtete Gebäude seltener schon saniert wurden, enthält Tabelle 4-1 die ermittelten U_g-Werte für Gebäude, die vor 1994 gebaut wurden.

Für den Campus der TU Dresden wurde für den Literaturwert angenommen, dass es sich größtenteils um Holzfenster mit zwei Scheiben handelt. Darunter fallen Isolierverglasung, Kasten- als auch Verbundfenster (siehe Tabelle 2-1 in Kapitel 2.2).

Tabelle 4-1   Durchschnittswert des Wärmedurchgangskoeffizienten einzelner Verglasungstypen für Gebäude der Baualtersklasse bis 1994.

Verglasungstyp	Literatur	Norm	Messung
Einscheibenverglasung	5,8	5,76	5,68
Zweischeibenverglasung	2,9	1,62	1,62
Dreischeibenverglasung		0,71	0,67
Kastenfenster		3,04	/
Verbundfenster		2,86	3,52

Es zeigt sich eine gute Übereinstimmung zwischen Norm- und Messwerten. Während Ein-, Zwei- und Dreischeibenverglasung eine Abweichung von 2 bis 6 % haben, zeigt sich für das Verbundfenster eine wesentlich größere Differenz von bis zu 23 %. Die größer werdende Abweichung resultiert womöglich aus der Einsatzbegrenzung des *Uglass* Messgerätes. Diese ist laut Herstellerangaben bspw. nicht für Kastenfenster vorgesehen. Wahrscheinlich ist der Einfluss des konvektiven Anteils, der durch die Temperaturanregung vom beheizbaren Sensor ausgeht, so groß, dass keine plausiblen Ergebnisse gemessen werden können. Somit gibt es für das Kastenfenster keine Messergebnisse.

Der Vergleich zu den Literaturwerten ist eher mit Vorsicht zu genießen, da hier die Angabe von einem pauschalen U_g-Wert für verschiedene Verglasungstypen sehr allgemein gehalten wird, wodurch es zu Abweichungen von bis zu 65 % kommt.

Die gebäudeweise Auswertung zeigt, dass gerade ältere Gebäude aufgrund von durchgeführten Teilsanierungen oftmals einen anderen (besseren) U_g-Wert haben, als bspw. in der Literatur angegeben ist. Bei neueren Gebäuden ist diese Abweichung nicht so groß, da die Höchstwerte der EnEV eingehalten werden mussten. Die Analyse zeigte weiterhin, dass die meisten ausgetauschten Fenster bereits eine Beschichtung aufweisen.

Als sehr schönes Beispiel kann der unter Denkmalschutz stehende Zeuner-Bau genannt werden. Hier zeigt sich, welche Problematik sich ergeben kann, falls die Verglasung verallgemeinert und durch einen Literaturwert beschrieben wird. Im Zeuner-Bau kommen bis zu sieben verschiedene Verglasungstypen und -aufbauten vor. Von Drahtglas über Kastenfenster bis zu Dreifachverglasungen ergibt sich eine Spanne des Wärmedurchgangskoeffizienten für die Verglasung von 3,52 W/m²K bis 0,67 W/m²K. Im nachfolgenden Bild 4-3 ist ein Grundriss vom Erdgeschoss dargestellt, wo die Verglasungstypen eingezeichnet wurden. Während im linken Gebäudeteil weitgehend Kastenfenster (orange) vorkommen, befinden sich im rechten Gebäudeteil Dreifachverglasungen (grün). Diese Erkenntnis ist für weitere Sanierungskonzepte sehr entscheidend, sowohl für die energetische Berechnung als auch für die Wirtschaftlichkeit.

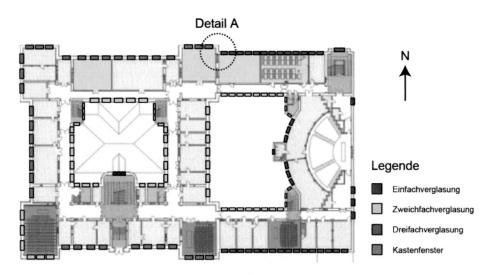

Bild 4-3   Grundriss vom Zeuner-Bau, Erdgeschoss, Visualisierung der Fenstertypen nach [13].

Das Detail A im Bild 4-3 zeigt eine Fotoaufnahme (Bild 4-4) des dargestellten Bereiches. Auf dem ersten Blick scheinen die Fenster im Erdgeschoss gleich zu sein. Allerdings zeigt sich bei genauerer Betrachtung bzw. eine Nahaufnahme, dass das rechte Fenster ein Kastenfenster (Bild 4-4, rechts unten) ist und das linke Fenster eine Dreifachverglasung hat (Bild 4-4, rechts oben). Sehr markant sind die beiden Glasabstandhalter für die Dreischeibenverglasung als auch der breite Blendrahmen mit den Flügelrahmen für das Kastenfenster.

Bild 4-4 Detail A – links: Nachaufnahme vom Zeuner-Bau, Ansicht Nord, rechts oben: Fenster mit Dreifachverglasung, rechts unten: Kastenfenster (Foto: Roosmalen).

5   Zusammenfassung und Ausblick

Allgemein lässt sich festhalten, dass die Verwendung von Literaturwerten nur möglich bzw. sinnvoll ist, wenn sich ein Gebäude noch im Urzustand befindet. Anderseits zeigen die Ergebnisse, dass es sonst zu großen Unterschieden kommen kann, wodurch Potentialabschätzungen von Sanierungskonzepten falsche Schlüsse mit sich bringen. Weiterhin ist der Literaturwert zu allgemein, um verschiedene Verglasungstypen zu vergleichen. Hier müsste eine weitere Aufschlüsselung erfolgen. Die Verwendung von Literaturwerten ist eher für die Betrachtung ganzer Stadtquartiere geeignet, um eine erste grobe und schnelle Abschätzung zu erhalten.

Für die Betrachtung einzelner Gebäude bietet sich stattdessen eine Gebäudebegehung an, wo schnell ersichtlich wird, ob bereits Fenster ausgetauscht wurden. Hier kann bereits mit dem Glasbuddy ein annähernd gutes Ergebnis erzielt werden. Allerdings kann mit dieser Methode der Einfluss von Beschichtungen oder Gasfüllungen im Scheibenzwischenraum, sofern keine detaillierten Informationen vorliegen, nicht genau betrachtet werden. In diesem Falle sollte auf ein mobiles Messgerät zurückgegriffen werden, wobei hier der zeitliche Rahmen für die Messdauer eingeplant werden muss. Der Einsatz des mobilen Messgerätes ist genau für solche Zwecke gedacht. Leider konnte für das Kastenfenster kein Messergebnis ermittelt werden. Ratsam ist eine Kombination aus beiden Methoden, je nachdem welche Fenstertypen vorkommen. Dadurch, dass Kastenfenster kaum Besonderheiten wie Beschichtungen oder Gasfüllungen aufweisen, kann diese Fensterart anhand der Norm nachgerechnet werden. Für alle weiteren Fensterarten kann das mobile Messgerät genutzt werden.

Schlussendlich zeigt die Analyse, dass bereits viele Fenster auf dem Hauptcampus der TU Dresden ausgetauscht wurden und dass im Gebäude oftmals verschiedene Fenstertypen vorkommen. Das erschwert zum einen die Ausarbeitung und zum anderen die Übertragbarkeit von Sanierungskonzepten. Zusammenfassend machen Kastenfenster und Zweifachverglasungen den größten Anteil aus. Anhand des Gebäudealters lässt sich daher pauschal kein Rückschluss auf die energetische Qualität der Verglasung ziehen und es muss immer eine detaillierte Analyse vorgenommen werden.

Weiterführende Untersuchungen im Rahmen der Studienarbeit [14] zum Forschungsprojekt CAMPER gehen der Frage nach, welche typischen Verschattungssysteme auf dem Campus der TU Dresden vorkommen und inwieweit diese nachträglich für Baudenkmale konstruktiv eingebunden werden können, um den sommerlichen Wärmeschutz zu verbessern.

6   Danksagung

Diese Arbeit entstand im Rahmen des Forschungsprojektes „CAMPER - CAMPusEnergieverbrauchsReduktion – Auf dem Weg zum Energieeffizienz-Campus der TU Dresden", gefördert mit Mitteln des Bundesministeriums für Wirtschaft und Energie (Förderkennzeichen: 03ET1319A). Die Autoren bedanken sich für die Unterstützung der weiteren Projektpartner an der TU Dresden: Institut für Energietechnik, Institut für Bauklimatik und Lehrstuhl für Baubetriebliche Umweltökonomie sowie dem Dezernat Technik der TU Dresden als auch dem Staatsbetrieb Sächsisches Immobilien- und Baumanagement (SIB).

7   Literatur

[1]   Deutsche Energie-Agentur GmbH (dena) (Hrsg.): Der dena-Gebäudereport 2016. Statistiken und Analysen zur Energieeffizienz im Gebäudebestand. Berlin, 2016.

[2]   Weiß, J.: Klimaschutz durch energetische Gebäudesanierung – Einführung in das Schwerpunktthema. In: Ökologisches Wirtschaften – Fachzeitschrift, 27(1):14, 2012.

[3]   Forschungsprojekt CAMPER – CampusEnergieverbrauchsReduktion: Auf dem Weg zum Effizienz-Campus der TU Dresden. Im Rahmen des 6. Energieforschungsprogramms der Bundesregierung, Förderschwerpunkt EnEff:Stadt des Bundesministeriums für Wirtschaft und Energie (BMWi) – FKZ 03ET1319A.

[4]   Klauß, S.; Kirchhof, G.: Erfassung regionaltypischer Materialien im Gebäudebestand mit Bezug auf die Baualtersklasse und Ableitung typischer Bauteilaufbauten. Förderkennzeichen Z6 – 10.07.03-06.13 / II 2 – 80 01 06-13. Kassel, 2009.

[5]   BMWi, BMUB: Bekanntmachung der Regeln zur Datenaufnahme und Datenverwendung im Nichtwohngebäudestand. April 2015.

[6]   EnEV 2002: Verordnung über energiesparenden Wärmeschutz und energieeinsparende Anlagentechnik bei Gebäuden (Energieeinsparverordnung – EnEV 2002). Fassung vom 16. November 2001.

[7]   EnEV 2007: Verordnung über energiesparenden Wärmeschutz und energieeinsparende Anlagentechnik bei Gebäuden (Energieeinsparverordnung – EnEV 2007). Fassung vom 24. Juli 2007.

[8]   EnEV 2009: Verordnung über energiesparenden Wärmeschutz und energieeinsparende Anlagentechnik bei Gebäuden (Energieeinsparverordnung – EnEV 2009). Fassung vom 29. April 2009.

[9]   EnEV 2014: Verordnung über energiesparenden Wärmeschutz und energieeinsparende Anlagentechnik bei Gebäuden (Energieeinsparverordnung – EnEV 2014). Fassung vom 18. November 2013.

[10]   www.infobohle.de, abgerufen am: 14.06.2018.

[11]   Hippeli, S.; Weinläder, H.; Ebert, H.-P.: Thermisches Messverfahren für mobile Ug-Wert-Messungen an Verglasungen. Würzburg.

[12]   www.netzsch-thermal-analysis.de, abgerufen am: 14.06.2018.

[13]   Thorwarth, D.; van Roosmalen, M.: Betrachtung von Baudenkmalen in der Quartiersebene. In: Weller, B.; Horn, S. (Hrsg.): Denkmal und Energie 2017 – Energieeffizienz, Nachhaltigkeit und Nutzerkomfort. Wiesbaden, Springer Vieweg, 2016.

[14]   Rösner, G.: Studie zur energetischen Qualität von Fenstern. Dresden, Projektarbeit, Institut für Baukonstruktion, 2018.

Das „Ökohaus" als technisches Denkmal? Eine architekturgeschichtliche und denkmalkundliche Einordnung

Dr.-Ing. Johannes Warda[1]

1 Bauhaus-Universität Weimar, Bauhaus-Institut für Geschichte und Theorie der Architektur und Planung sowie Professur Entwerfen und Baukonstruktion, 99421 Weimar, Deutschland

Vor dem Hintergrund der Sinn- und Ressourcenkrise der Moderne wird die Architekturproduktion seit der 2. Hälfte des 20. Jahrhunderts zunehmend von den Anforderungen an die energetische „Performance" der Bauwerke bestimmt. Jenseits von Normen und Bauvorschriften hat sich aber auch eine Architektur entwickelt, die als „ökologisches" oder „klimagerechtes" Bauen die Umweltbedingungen bewusst (wieder) zum Thema des Entwurfsprozesses macht. Inzwischen kann diese Strömung als eigenständiger Teil der Architekturgeschichte aufgefasst werden. Sind die landläufig als Ökohäuser bezeichneten Bauten demnach auch für die Denkmalpflege relevant, etwa als technische Denkmale? Anknüpfend an die Nachhaltigkeitsdebatte in der Denkmalpflege, die bislang vor allem von Praktiken wie Weiterverwendung von Bestandsbauten, Reparatur und Instandsetzung geprägt war, erweitert dieser Beitrag die Metageschichte der Ökologie im Bauwesen und stellt eine denkmalkundliche Einordnung des Ökohauses zur Diskussion.

Schlagwörter: Ökohaus, Architekturgeschichte, Denkmalschutz

1 Das Ökohaus – Ansätze zu einer Typologie der 2. Hälfte des 20. Jahrhunderts

Was ist ein Ökohaus? In der Architekturgeschichtsschreibung ist dieser Typus bislang nicht etabliert. Der Begriff ist eher im populären Sprachgebrauch anzusiedeln und bezieht sich vornehmlich auf Wohnhäuser unterschiedlichster Art, die sich durch eine – vermeintliche oder tatsächliche – „ökologische" Bauweise auszeichnen. [1] Charakteristisch für Letztere sind etwa die Verwendung natürlicher oder recycelter Baustoffe wie Lehm, Holz oder Kunststoffe, Elemente wie Gründächer und Solarfassaden, die die Verbrauchskennwerte des Hauses oder gar seine Gesamtökobilanz verbessern. Damit sind Aspekte angesprochen, die seit gut zwei Jahrzehnten vor allem unter dem Schlagwort „energieeffizientes Bauen" diskutiert werden. Eine grundlegende Beschäftigung mit den aktuellen Bezügen der Thematik, die von sich stetig wandelnden gesetzlichen Bestimmungen und Normen geprägt ist, kann hier nicht geleistet werden. [2] Aus architekturgeschichtlicher Sicht ist jedoch eine Unterscheidung zwischen „ökologischem" und „energieeffizientem" Bauen sinnvoll. Und zwar nicht nur hinsichtlich der Periodisierung, sondern auch mit Blick auf den erweiterten historischen, sozialen und politischen Kontext sowie die jeweils vorherrschenden Ökologiekonzepte. Denn das Diskursfeld Ökohaus beinhaltet nicht nur konstruktive, bauklimatische oder haustechnische Aspekte, sondern geht auch mit einem unkonventionellen Begriff des Bauwesens selbst einher, teilweise in Richtung einer Gegen- oder Antiarchitektur. Zur näheren Bestimmung und Eingrenzung des Phänomens

„Ökohaus" lassen sich grob drei miteinander verwobene Entwicklungsstränge ausmachen, die nachfolgend vorgestellt werden.

1.1   Experimentalbauten

Eine wesentliche Problemstellung des Bauens in den mittleren und gemäßigten Klimazonen ist die Herstellung thermischer Behaglichkeit in den Innenräumen, insbesondere in den Wintermonaten und der Übergangszeit. Der mitunter erhebliche zusätzliche Energiebedarf für die Gebäudetemperierung ist demnach auch eine der Hauptmotivationen für die Suche nach ressourcensparenden konstruktiven und haustechnischen Alternativen. Dabei kommt der passiven Solarenergienutzung eine besondere Bedeutung zu – der Energie, die kostenlos vom Himmel scheint, wie es oft heißt. Die Vorläufer dieser Art der Solarenergienutzung sind in den seit der Antike beschriebenen Gewächshausbauten zu sehen, insbesondere dem sog. Anlehngewächshaus: Ein nach Süden orientierter Glasbau „lehnt" an einer massiven Rückwand, die sich unter Sonneneinstrahlung aufheizt und die gespeicherte Wärme im Tagesverlauf und nachts abstrahlt. Für diese Anordnung führt Reyner Banham in „The Architecture of the Well-tempered Environment" den Begriff des konservierenden Prinzips („conservative wall") ein, den er unmittelbar von den Gewächshausbauten des Sir Joseph Paxton (1803–1865) ableitet. [3] Paxton, der Architekt des Crystal Palace für die Londoner Weltausstellung 1851, begann seine Karriere als Gärtner und entwickelte im herzoglichen Garten von Chatsworth den Gewächshausbau weiter. 1838 entwarf er hier eine „conservative wall" genannte Orangerie zur Überwinterung kälteempfindlicher Pflanzen (vgl. Bild 1-1).

Bild 1-1   Joseph Paxton: Conservative Wall, Chatsworth House, England (1838). Südansicht, ca. 2007. (Foto: Roger Cornfoot, CC BY-SA 2.0; [4]).

Im Zuge der Entstehung der Umweltbewegung und einer verstärkten gesellschaftlichen Aufmerksamkeit für die Ressourcenfrage, ausgelöst durch die Publikation „Die Grenzen des Wachstums" (1972) [5] und den Ölpreisschock 1973, wurden seit den 1970er Jahren alternative Energiekonzepte entwickelt, die den Ersatz fossiler Energieträger durch eine kompromisslose Umstellung auf Solarenergie forderten. Wohnbauten sollten als „bewohnte Sonnenkraftwerke" einen entscheidenden Anteil an dieser Energiewende haben. [6] Bereits kurz nach dem Ende des Zweiten Weltkriegs spielte die passive Solarenergienutzung bei der forschungsgeleiteten, experimentellen Entwicklung neuer Konstruktionsweisen eine wichtige Rolle. Pionier auf diesem Gebiet war Frei Otto, der sich seit seinem Diplom 1952 schwerpunktmäßig mit Solarenergienutzung und leichten Konstruktionen beschäftigte. „Fenster sind Fallen für Sonnenstrahlen!" eröffnete Otto 1955 einen bauklimatischen Aufsatz, in dem er eine Fensterkonstruktion für die optimierte passive Solarenergienutzung vorstellt. [7] Sein eigenes Atelier in Warmbronn, das er mit Rob Krier entwarf (1969), ist das erste veröffentlichte Solarhaus, von Otto als „Großmutter der heutiger Passiv- und Solararchitektur" bezeichnet. [8] Aus Ottos umfangreichem Werk sind die Experimentalbauten für die IBA Berlin hervorzuheben, die er mit seinem Team zwischen 1987 und 1991 realisierte. Das Projekt firmierte offiziell unter dem Titel „Öko-Haus" und sollte laut den Zielvorstellungen der IBA eine *umweltschonende Bewirtschaftung der ‚Eigenheime auf der Etage' durch Nutzung von Sonne, Wind, Abwärme u.a., durch Innen- und Außengärten zur Klimaverbesserung, für Nutzpflanzen und Kleintierhaltung und durch Vorsorge für den sparsamen Umgang mit Brennstoffen und Wasser*

demonstrieren. [9] Hinzu kam das partizipative Element des Selbst(aus)baus. Das Architektenteam um Otto entwickelte ein Betonskelett, innerhalb dessen sich die zukünftig dort Wohnenden selbst einrichten konnten. So wie an Frei Ottos Institut für leichte Flächentragwerke an der Universität Stuttgart (IL) wurde und wird an zahlreichen Hochschulen und außeruniversitären Einrichtungen zu alternativen Bauweisen und Energienutzung geforscht – etwa in Darmstadt, Freiburg, München, Rosenheim und Zürich. Am Institut für Umweltforschung in Graz arbeitete Konrad Frey in den 1970er und 80er Jahren an innovativen Energiekonzepten. Frey beschäftigte sich intensiv mit der passiven Solarenergienutzung und realisierte mehrere Wohnbauten, so zwischen 1972 und 1978 mit Florian Beigel das Haus Fischer am Grundlsee als erstes Solarhaus Österreichs. [10]

1.2   Architektur der Gegenkultur

Die Beschäftigung mit alternativen Bauweisen und Energiekonzepten entsprach dem Zeitgeist der sozialbewegten 1970er und 80er Jahre. Die im Westen der USA entstandenen hippiesken Lehm- und Holzhäuser und die berühmten Siedlungen der „Drop-outs" mit ihren Fullerschen Kuppelbauten aus Recyclingmaterialien wurden als Ausdruck der Gegenkultur breit rezipiert. [11] Neben Beispielen unkonventioneller Architektur bestimmte implizit und explizit auch die These vom in der Moderne verloren gegangenen bauklimatischen Wissen den architektonischen Ökodiskurs. In populären wie an die Fachöffentlichkeit gerichteten Publikationen wurde unter dem Schlagwort „Die Alten bauten besser" an regional angepasste Bauweisen und Praktiken erinnert. [12] Aber auch in der institutionalisierten Forschung spielte stets die „Systemfrage" eine Rolle: Schließlich funktionierten die Konstruktionsweisen und Bauprozesse meist nicht oder nur teilweise innerhalb des dominierenden Systems von Normen und Vorschriften, verfügbaren Materialien und bauwirtschaftlichen Mechanismen. Im Rahmen des u.a. am Stuttgarter IL angesiedelten Sonderforschungsbereiches (SFB) 230 „Natürliche Konstruktionen – Leichtbau in Architektur und Natur" nahm die Erforschung von Selbstbauprozessen breiten Raum ein. Der Selbstbau wurde in kollektiven Bauprojekten hinsichtlich der Machbarkeit untersucht und in seinen gesellschaftlichen Bezügen grundsätzlich reflektiert. Dabei stand die Frage im Mittelpunkt, inwiefern das Bauen unter den Bedingungen der Industrialisierung noch als Ausdruck menschlicher Grundbedürfnisse betrachtet werden könne:

Wie frei ist jedoch ein Mensch, der aus reiner Behausungs-Not mit einigen aufgefundenen Materialien aus dem Müll der Industriegesellschaft selbst baut – im Gegensatz zu einem Lehrer, der in der BRD mit gutem und gesichertem Einkommen ein Schöner-Wohnen-Heim baut? [13]

Dem „Müll der Industriegesellschaft" widmeten sich seit 1975 Gernot Minke und sein Team im Forschungslabor für experimentelles Bauen an der Gesamthochschule Kassel. Minke, ehemals Mitarbeiter in Frei Ottos Atelier, forschte ebenfalls zum Selbstbau und widmete sich vor allem der Verwendung leicht zugänglicher Baumaterialien. [14] Minkes Projekte zum Bauen mit Lehm führten schließlich zur Wiederentdeckung dieses Baumaterials jenseits der Entwicklungshilfe und Denkmalpflege.

1.3   Vom Ökohaus zum energieeffizienten Bauen

Charakteristisch für das Phänomen Ökohaus ist, dass die Frage nach einer alternativen Architektur nicht nur in alternativen Milieus gestellt wurde. Sie erreichte eine gewisse Breitenwirkung über experimentelle Anordnungen hinaus. 1984 widmete sich eine Ausgabe des Nachrichtenmagazins „Der Spiegel" in einer ausführlichen Titelgeschichte der „Öko-Architektur" und porträtierte zahlreiche Bauprojekte in Westeuropa und Nordamerika. [15] In seiner zugespitzten Darstellung erweckt der Artikel den Eindruck, eine komplette Wende im Bauwesen stünde kurz bevor. Tatsächlich beschäftigten sich in den zwei Jahrzehnten zwischen 1975 und 1995, die rückblickend als Boomphase des Ökohauses bezeichnet werden können, auch zahlreiche etablierte Architekten mit dem ökologischen Bauen. Die Wohnhäuser von Thomas Herzog, insbesondere das „Haus in Regensburg" (1977–79), zeigen, dass auch ein Passivsolarhaus mit seinen spezifischen Funktionsweisen ambitioniert vom Entwurf her gedacht werden kann. [16] O. M. Ungers fächert in seinem Wettbewerbsbeitrag für das Baugebiet Auf der Melkerei in Landstuhl (1979) die typologische Bandbreite ökologischen Bauens auf. [17] Die Entwürfe behandeln sowohl das einzelne Haus als auch ihre städtebaulichen Bezüge und kombinieren Erdhäuser, Solarhäuser und Reihenhäuser in einer bauklimatisch günstigen Verdichtung innerhalb des Baugebiets. Wenn hier bislang vom Ökohaus im Singular die Rede war, so kann im Plural durchaus von Ökosiedlung oder Ökodorf gesprochen werden. Die Planung von Neubausiedlungen in ökologischer Bauweise ist ein typisches Projekt der 1980er und 90er Jahren, getragen zumeist von Kommunen und Zusammenschlüssen von Interessierten. [18] Unter etwas veränderten Vorzeichen fanden die Themen des umweltbewussten Bauens gegen Ende des 20. Jahrhunderts Eingang in das Bauwesen insgesamt: Standen die Vorschriften zum „Wärmeschutz" vorangegangener Jahrzehnte noch unter dem Primat der Einsparung von Heizkosten, rückte unter dem Eindruck des Klimawandels die Verringerung von Emissionen in den Vordergrund. [19] Sichtbarer Ausdruck dessen ist die 2002 in Deutschland eingeführte und zwischenzeitlich mehrfach novellierte Energieeinsparverordnung (EnEV). Als ihr Geburtsfehler ist zu Recht kritisiert worden, dass die EnEV nur den Energieverbrauch betrachtet und Maßnahmen zu seiner Verringerung nicht im Sinne einer Gesamtökobilanz bewertet werden, wie dies etwa in der Schweiz der Fall ist. [20]

2   Das Ökohaus als (technisches) Denkmal

Wie bei jedem Bauwerk muss im Grundsatz auch bei einem Ökohaus oder einer Ökosiedlung davon ausgegangen werden, dass sie architekturgeschichtliche, baukulturelle Zeugnisse sind. Jedoch liegt es gewissermaßen in der Natur der Sache, dass das Denkmalinte-resse in diesem Fall an der besonderen Konstruktionsweise, der Materialverwendung, den (haus-)technischen Lösungen und gegebenenfalls auch baukünstlerischen Merkmalen be-steht, die unter der spezifischen Prämisse des ökologischen Bauens gewählt wurden. Um hier im Sinne der denkmalpflegerischen Auswahl eine Eingrenzung vorzunehmen, ist zu fragen, ob Ökohäuser als technische Denkmale aufzufassen wären, wie sie in der deut-schen Denkmalschutzgesetzgebung vorgesehen sind. Das Thüringische Denkmalschutz-gesetz etwa kennt die Erhaltung aus „technischen [...] Gründen". [21]

2.1   Technische Denkmale

Unter dem Begriff des technischen Denkmals wird ein breites Spektrum beweglicher und unbeweglicher Sachen gefasst, die

das Verständnis für einen Arbeitsvorgang in der ganzen Vielschichtigkeit der Industrie, des Handels, des Verkehrs, der Versorgung und anderer technisch beeinflusster Bereiche wachzuhalten in der Lage [sind]. [22]

Darunter fallen Wind- und Wassermühlen, Schienenfahrzeuge und Segelschiffe [23], Inf-rastrukturbauten und vor allem Zeugnisse der Industriekultur. [24] Letztere dominieren die Wahrnehmung dieser Denkmalgattung, weshalb technisches und Industriedenkmal oftmals als synonyme Begriffe verwendet werden. Das Spektrum der technischen Denk-male ist, wie angedeutet, jedoch wesentlich größer, weshalb der weiter gefasste Oberbe-griff vorzuziehen ist. [25] Die Anwendung des Denkmalbegriffs in der Praxis der Erfas-sung und Inventarisation ist grundsätzlich zeitgebunden, also einer stetigen Veränderung unterworfen. Bewertungskriterien und Erfassung beeinflussen sich auch wechselseitig, bedingt durch die relative Eigenständigkeit der Denkmalämter bei gleichzeitigem Aus-tausch untereinander. Während Industriebauten längst ein etablierter Gegenstand der Denkmalpflege sind, rückten zuletzt auch Experimentalbauten als „Pionierbauten und In-novationen" in den Fokus des Interesses. [26] Die modernen Anlagen der Haustechnik und Versorgungssysteme sind dagegen noch weitgehend unterbelichtet, von kultur- und medienhistorischen Abhandlungen einmal abgesehen. [27] Tatsächlich ist die Ausstat-tung von Baudenkmalen bisher vor allem für historische Gebäude thematisiert worden. Es ist naheliegend, dass ein erhaltener klassizistischer Kachelofen Denkmalwert besitzt. Wie verhält es sich aber mit der Ausstattung hochinstallierter, moderner Bauten? Andreas Hild spricht in diesem Zusammenhang von der „Verwebung der technischen Systeme mit der gebauten Substanz" und plädiert für die Erhaltung moderner Haustechnik, da sie „ein wesentlicher Ausdruck der Idee, des Lebensgefühls, ja des Anspruchs ihrer Zeit" sei. [28].

2.2   Das Ökohaus als Denkmal – mögliche Auswahlkriterien

Mit Blick auf die in 1.3 angesprochene Entwicklung hin zum Niedrig-, Passiv- und Plusenergiestandard ergeben sich eine ganze Reihe von Kennzahlen, die zur Bewertung von Gebäuden herangezogen werden können. Geht es um eine Denkmalbewertung eines vermeintlichen oder als solches bezeichneten Ökohauses, müsste der Begriff des Ökologischen als konstruktiver und haustechnischer Anspruch sowie in Bezug auf die Baustoffe ernst genommen werden. Unterscheiden ließen sich beispielsweise Konstruktionsweisen bzw. Haustypen und haustechnische Lösungen, die oft konstruktiv und funktional zusammenhängen: Passivsolarhaus und Zusatzheizung in Kombination mit regenerativer Energie, Wärmerückgewinnung; Lüftungsanlagen in neueren Passivhäusern, Grauwasserfilteranlagen und Trenntoiletten usw. [29] Darüber hinaus wäre zu ermitteln, mit welcher Zielstellung das Haus geplant und unter welchen spezifischen und weitergefassten Umständen es errichtet wurde. Lagen besondere Konstellationen bei der Bauherrschaft (zum Beispiel Baugruppen) vor? Inwieweit weicht das Haus von der zur Bauzeit üblichen Bauweise ab? Inwieweit und mit welchen Mitteln wurden geltende Standards übertroffen? Können hier realisierte individuelle Lösungen als modellhaft gelten oder sind andernorts übernommen worden? Die Erfüllung bestimmter Wärmedämmkennwerte durch die Verwendung fragwürdiger, in ihrer Gesamtökobilanz (noch) nicht bewerteter Baustoffe und Konstruktionsweisen sollte allein noch keinen Denkmalanspruch begründen. Die Ökohäuser von Frei Otto und Team sind im Rahmen des Forschungsprojektes F-IBA an der TU Berlin im Hinblick auf ihren baukulturellen Zeugniswert als IBA-Bauten bereits gewürdigt worden. [30] Dies könnte als Vorerfassung verstanden werden. Ähnlich wurde Konrad Freys Haus Zankel in Prévession bei Genf (1976–85) im Kontext der experimentellen und alternativen Architektur der Nach-68er-Zeit diskutiert und als exemplarische Manifestation alternativer Architekturkonzepte seiner Zeit bewertet:

Obwohl einige Ideen aufgrund von Mängeln bei der Herstellung nur für kurze Zeit funktionierten, beeindruckt der in jedem Detail steckende Erfindergeist noch heute. In dieser Hinsicht stellt das Haus Zankel ein herausragendes Beispiel für jene Architekturexperimente der 1970er Jahre dar, die eine ökologische und ökonomische Alternative zum herkömmlichen Wohnbau suchten. [31]

Zusammenfassend kristallisiert sich die Erkenntnis heraus, dass der eigentliche Schutzgegenstand im Falle des Ökohauses über seine Baulichkeit hinausgeht und ebenso im erweiterten gesellschaftlichen und politischen Kontext zu sehen ist.

3   Fazit

Ausschlaggebendes Kriterium für den Denkmalstatus scheint demnach eher der zeithistorische und architekturgeschichtliche Zeugnischarakter der infrage kommenden Bauten. Die besondere Erwähnung technischer Innovationen oder Kuriositäten schließt sich dadurch nicht aus und kann im Einzelfall denkmalkonstituierend sein, etwa bei Häusern, die eindeutig als Experimentalbauten zu bezeichnen sind. Es überwiegt aber der Eindruck, dass Ökohäuser im hier enger gefassten Sinne Ausdruck gesellschaftlicher Strömungen und Entwicklungen waren, die zeitlich recht gut abgegrenzt werden können. Sie stehen für eine Epoche der aktiven, praktisch gewordenen Neudefinition des Verhältnisses von Mensch und Natur. In ihnen wird der Anspruch, die Umwelt anders und sanfter zu gestalten, baulich manifest – lange bevor sich dieser Anspruch auch in den allgemein gültigen Bauvorschriften niederschlug. In Deutschland kann heute kein Wohngebäude mehr errichtet werden, dass nicht einen nahezu passivhausähnlichen Energiestandard aufweist. Hier stellt sich vielleicht die Frage, ob Ökohäuser als Wegbereiter oder Pionierbauten dieser Entwicklung gelten können: Solange der Weg zu mehr Energieeffizienz für die Bewertung (noch) keine Rolle spielt, sicher nicht.

Bild 3-1 Umgekehrte Verhältnisse: Einzeldenkmal mit ökologischer Fassadendämmung, Weimar (2017). Detailansicht, (Foto: Johannes Warda).

4   Literatur

[1]   Vgl. Jaeger, F.: Stilhülse und Ökokern – das Ökohaus als Typus. In: Archithese 34 (2004), Heft 4, S. 48–53.

[2]   Köhl, K.; Frei, K.: Heutige Rahmenbedingungen für energiebewusstes Bauen. In: Hanus, C.; Hastings, R.(Hg.): Bauen mit Solarenergie. Wegweisende Wohnbauten, heutige Rahmenbedingungen, Entwicklungstendenzen. Zürich, vdf, 2007, S. 9–16; Hawkes, D.; Forster, W.: Energieeffizientes Bauen. Energie, Technik, Ökologie. Stuttgart, DVA, 2002.

[3]   Banham, R.: The Architecture of the Well-tempered Environment. London; Chicago, The Architectural Press; The University of Chicago Press, 1969, S. 23f.

[4] https://commons.wikimedia.org/w/index.php?curid=4423863 (letzter Zugriff am 12.07.2018)

[5] Meadows, D. L. (Hg): Die Grenzen des Wachstums. Bericht des Club of Rome zur Lage der Menschheit. Stuttgart, DVA, 1972.

[6] Mösl, R.: Aufstieg zum Solarzeitalter, eine Veröffentlichung der Planetary Engineering Group. Salzburg, Grauwerte, 1993, S. 237.

[7] Otto, F.: Vom ungeheizt schon warmen Haus und neuen Fenstern [1955]. In: Ders.: Schriften und Reden 1951–1983. Hg. von B. Burkhardt. Braunschweig; Wiesbaden 1984, S. 19–23, hier S. 19 (Schriften des Deutschen Architekturmuseums zur Architekturgeschichte und Architekturtheorie).

[8] Zit. in Escher, C./Förster, K.: Ich war Dr. Zelt. Frei Otto über Anpassungsfähigkeit, Ökologie und Ökonomie im Bauen. In: Arch+ 46 (2013), H. 211/212, S. 72–80, hier S. 77.

[9] Projekt Tiergarten 8. In: Internationale Bauausstellung 1987: Projektübersicht. Berlin, Bausstellung Berlin GmbH, 1987, S. 34; vgl. Wohnbereiche im Garten. IBA Berlin 1987. Vorbereitende Studie für das Bauvorhaben „Ökohaus" Berlin. Ein Konzept vom Mai 1985. Leonberg, Atelier Frei Otto Warmbronn, 1985.

[10] Fischer, P.; Böck, I.: Konrad Frey: Könner, Denker, Abenteurer und Expeditionsleiter. In: Wagner, A.; Böck, I. (Hg.): Konrad Frey: Haus Zankel. Experiment Solararchitektur. Berlin, Jovis 2013, S. 122–132, hier S. 128f.

[11] Vgl. Ebert, W. M. : Home Sweet Dome. ; Pehnt, W.: , bes. S. 51.

[12] Faskel, B.: Die Alten bauten besser. Energiesparen durch klimabewußte Architektur. Was für unsere Ahnen selbstverständlich war, müssen wir neu entdecken. Frankfurt am Main, Eichborn, 1982; Herzog, T.; Natterer, J.: Gebäudehüllen aus Glas und Holz. Maßnahmen zur energiebewußten Erweiterung von Wohnhäusern/Habiller de verre et de bios. Lausanne, Presses Polytechniques romandes, 1984.

[13] Schneider, R.: Natürlich selbst bauen. Zu den Grundlagen der Qualität von Bauprozessen, an denen die Nutzer beteiligt sind. In: Natürliche Konstruktionen. Aus den Teilprojekten. Mitteilungen des SFB 230, Heft 1, Stuttgart 1988, S. 87–103, hier S. 89; vgl. Sulzer, P.: Seiner Natur gemäß bauen und wohnen. In: Entwurfsprozesse in Natur und Architektur. Arbeitsgespräche des SFB 230. Konzepte des SFB 230, Heft 10, Stuttgart 1986, S. 98–106.

[14] Minke, G.: Low-Cost-Bauen. Anwendungsmöglichkeiten einfacher technologischer Verfahren zur Herstellung von Niedrigkost-Bauten aus Überfluß, Abfall- und Billigbaustoffen. Kassel, 1980.

[15] N.N.: „Die ganze Stadt als Urlaube". In: Der Spiegel (1984), Heft 39, S. 228–243.

[16] Herzog, T.: Bauten 1978–1992. Ein Werkbericht. Stuttgart, Hatje, 1993, S. 20–24.

[17]   Ungers, O. M.: Entwürfe für eine klimagerechte und energiesparende Architektur. Köln, 1980. Vgl. kritisch Jaeger 2004 (wie Anm. 1), S. 48f.

[18]   Vgl. die Projektdatenbank von H. Wolpensinger unter http://www.oekosiedlungen.de (28. Juni 2018).

[19]   Warda, J.: Veto des Materials. Denkmaldiskurs, Wiederverwendung von Architektur und modernes Umweltbewusstsein. Bosau, Wohnungswirtschaft Heute, 2016, S. 257.

[20]   Vgl. Merkblatt 2032 Graue Energie von Gebäuden. Zürich, Schweizer Ingenieur- und Architektenverein, 2008; vgl. Rathert, P.: Ziele der Energieeinsparungspolitik. In: Deutsches Nationalkomitee für Denkmalschutz (Hg.): Energieeinsparung bei Baudenkmälern. Bonn, 2002, S. 15–19.

[21]   Thüringisches Denkmalschutzgesetz §1 (2).

[22]   Slotta, R.: Einführung in die Industriearchäologie. Darmstadt, WBG, 1982, S. 175.

[23]   Vgl. zu grundsätzlichen denkmalkundlichen Überlegungen Hanus, C.: Schienenfahrzeuge und Denkmalpflege. Stuttgart, Transpress 2007; Landesamt für Denkmalpflege Schleswig-Holstein; Schleswig-Holstein Maritim e.V. (Hg.): Kurs Schleswig-Holstein. Maritime Kultur entdecken. Hamburg, Convent, 2007.

[24]   Aus der Fülle der Publikationen zur Industriedenkmalpflege, die teilweise den Anspruch einer Art Denkmaltopographie erheben, seien hier erwähnt Slotta, R.: Technische Denkmäler in der Bundesrepublik Deutschland. Bochum, Bergbau-Museum Bochum 1977 sowie Vereinigung der Landesdenkmalpfleger der Bundesrepublik Deutschland (Hg.): Denkmale der Industrie und Technik in Deutschland. Berlin, Bäßler, 2016.

[25]   Vgl. Föhl, A.: Industriedenkmalpflege in der Bundesrepublik Deutschland. Einige Bemerkungen zum Stand der Dinge. In: Deutsche Kunst und Denkmalpflege 48 (1990), H. 2, S. 122–133, hier S. 122. Eine ausdifferenzierte und nach wie vor hilfreiche Darstellung des breiten Spektrums technischer Denkmale bietet (freilich marxistisch informiert) Wagenbreth, O. (Hg.): Technische Denkmale in der Deutschen Demokratischen Republik. Leipzig, VEB Deutscher Verlag für Grundstoffindustrie, 1983.

[26]   Custodis, P.-G.: Von der Autobahnbrücke bis zur Ziegelei. Zeugnisse aus Technik und Wirtschaft in Rheinland-Pfalz. Regensburg, Schnell&Steiner, 2014, S. 247.

[27]   Giedion, S.: Mechanization Takes Command. A Contribution to Anonymous History. New York, Norton, 1969; Gleich, M.: Vom Speichern zum Übertragen. Architektur und die Kommunikation der Wärme. In: Zeitschrift für Medienwissenschaft 12 (2015), S. 18–32.

[28]   Hild, A.: Der Primat des Sichtbaren. Ein ideeller Widerspruch zwischen Schein und Sein. In: der architekt (2018) Heft 3, S. 16–20, hier S. 16.

[29]   Für einen Überblick über wesentliche Haustypen, Konstruktionsweisen und haus-
         technische Entwicklungen vgl. Oswalt, P. (Hg.); Rexroth, S. (Mitarbeit): Wohl-
         temperierte Architektur. Neue Techniken des energiesparenden Bauens. Heidel-
         berg, C. F. Müller, 1994.

[30]   Dahme, T.; Herold, S., Salgo, A. (Hg.): Re-Vision IBA '87. 25 Jahre Internatio-
         nale Bauausstellung Berlin 1987. Themen für die Stadt als Wohnort. Berlin, e-
         publi, 2012, S. 40f.

[31]   Rebhandl, I.: Intelligenter Prototyp in Selbstbauweise. Das Haus Zankel im Kon-
         text der experimentellen Architektur der 1970er Jahre. In: Wagner, A.; Böck, I.
         (Hg.): Konrad Frey: Haus Zankel. Experiment Solararchitektur. Berlin, Jovis
         2013, S. 154–159, hier S. 159.

Wandheizungssysteme für historischen Bestand – vergleichende Untersuchungen am realen Gebäude

Prof. Dr.-Ing. Martin Krus[1], M.-Eng. Stefan Bichlmair[1], Prof. Dr.-Ing. Ralf Kilian[1]

1 Fraunhofer-Institut für Bauphysik IBP Holzkirchen, Fraunhoferstr. 10, 83626 Valley, Deutschland

Erklärtes Ziel der Bundesregierung ist die Einsparung von Energie zur Beheizung von Gebäuden. Auch für die Renovierung traditioneller Gebäude sind energieeffiziente Entwicklungen auf dem Gebiet der Anlagentechnik wesentliche Aufgabenstellungen. Im modernen Bauwesen wurde eine Vielzahl innovativer Ansätze verfolgt, Untersuchungen von Heiztechnologien in historischen Gebäuden wurden bisher eher vernachlässigt. Die Art der Wärmeverteilung hat hier einen wesentlichen Einfluss auf die Erhaltung eines historischen Gebäudes, aber auch auf die Energieeffizienz der Anlagen und den Raumkomfort des Nutzers bzw. der Bewohner. Die vorliegenden Untersuchungen zielen daher darauf ab, Niedertemperatur-Wandheizungen mit Hochtemperatur-Strahlungsheizungen zu vergleichen. Ebenfalls mit einbezogen wurde der Ansatz einer Bauteiltemperierung. Die Untersuchungen wurden an einem realen Altbau mit verschiedenen und gleichzeitig innovativen Heizsystemen parallel unter vergleichbaren Bedingungen durchgeführt.

Schlagwörter: Wandheizung, Temperierung, Denkmalpflege, Energieeffizienz, Vergleichsmessung

1   Hintergrund und Zielstellung

Die Einsparung von Energie in den unterschiedlichen Wirtschaftszweigen und Privathaushalten ist erklärtes Ziel der Bundesregierung und ist im öffentlichen und privaten Bausektor ein richtungsweisendes Thema. Entwicklungen in der Anlagentechnik und energieeffiziente Sanierungsmethoden sind auch im Gebäudebestand entscheidende Fragestellungen. Während im Neubaubereich bereits eine Vielzahl an innovativen Ansätzen verfolgt wird, wurden Lösungen und Untersuchungen von Materialien für schützenswerte bzw. denkmalgeschützte Gebäude bisher eher vernachlässigt. Die Art der Wärmeverteilung im Gebäude hat hier zum einen Einfluss auf die Erhaltung der historischen Bausubstanz, zum anderen aber auch auf die Energieeffizienz der Systeme und den Komfort der Nutzer oder Bewohner. Hier setzen die vorliegenden Untersuchungen an, mit dem Ziel Niedertemperaturflächenheizungen und Strahlungsheizungen mit hoher Vorlauftemperatur energetisch und in Hinblick auf Komfort zu vergleichen. Das Besondere dabei ist, dass die Untersuchungen am realen Altbau mit verschiedenen, auch innovativen Heizungssystemen zeitgleich unter vergleichbaren Randbedingungen parallel erfolgen.

2   Untersuchungsweg

Die Untersuchungen finden im Fraunhofer-Zentrum für energetische Altbausanierung und Denkmalpflege Benediktbeuern im Kloster Benediktbeuern in der Alten Schäfflerei

(Bild 2-1 links) statt. Das Gebäude ist Teil des ehemaligen Handwerksbezirks des Klosters und stammt aus der zweiten Hälfte des 18. Jahrhunderts. Im sogenannten Nordbau befinden sich im Erdgeschoss vier Räume nahezu gleicher Größe, in die jeweils eines der Heizsysteme installiert wurde.

Bild 2-1 Die alte Schäfflerei im Kloster Benediktbeuern beherbergt das Fraunhofer-Zentrum für energetische Altbausanierung und Denkmalpflege (links). Das Bild rechts zeigt die Gebäudefront auf der Ostseite.

Die Räume wurden für die Untersuchungen angepasst. Ziel der Messungen und vergleichenden Untersuchungen ist es, den Wärmedurchgang durch die Außenwand der vier Räume mit unterschiedlicher Heizeinrichtung miteinander zu vergleichen. Daher wurden möglichst adiabate Randbedingungen an den anderen Umschließungsflächen angestrebt. Die Wände zum Treppenhaus im Süden, zur Jugendherberge im Norden sowie Boden und Decke wurden mit Dämmstoffen versehen, um die Wärmeverluste stark zu reduzieren. Für den angestrebten energetischen Vergleich der vier Räume, wurden weitere ergänzende Maßnahmen durchgeführt, wie z.B. das Abkleben der abgedichteten Bestandsfenster mit einer getönten Sonnenschutzfolie und komplette Verschattung der Außenwände, geregelte konstante mechanische Belüftung, etc. (Details in [1]). An den Zwischenwänden kann von adiabaten Zuständen ausgegangen werden, da die vier Messräume bei gleicher Raumlufttemperatur betrieben werden.

In Messraum 1 befindet sich in der Fensternische ein speziell für eine Klostersanierung entwickelter Strahlungsheizkörper. Der in der Mitte liegende wassergefüllte Stahlwärmekörper ist in zwei hydraulisch miteinander verbundene Heiztaschen gegliedert, die seriell durchströmt werden. Zunächst wird die vordere Heiztasche, dann die hintere durchströmt. Eine am Heizkörper rückseitig angebrachte Wärmedämmung reduziert die direkte Wärmeabgabe durch Abstrahlung an die im Querschnitt dünnere Nischenwand. Die massive Frontplatte ist zudem in die Nische eingepasst und bildet mit nur einem ca. 1-2 cm breiten Luftspalt einen engen Abschluss zur Nische bzw. Fensterbank. Dadurch erfolgt der Großteil der Wärmeabgabe an die vordere Frontplatte.

Der Messraum 2 ist mit der Wandheizung Typ 1 belegt, bei dem zwischen Wand und Heizsystem eine Wirrgelegematte liegt und die parallel angeordnete Heizrohre nach dem sogenannten Tichelmannprinzip aufweist. Durch das Wirrgelege bildet sich ein Luftspalt zwischen Außenwand und Wandheizung.

Messraum 3 ist mit einer Wandtemperierung ausgestattet. Die Bauteiltemperierung beheizt den Messraum mit zwei waagrecht angeordneten Heizschleifen, eine im Sockelbereich und eine im Brüstungsbereich. Die Heizschleifen wurden in geringem Abstand über dem Boden bzw. unter der Fensterbrüstung in die Außenwand eingebaut. Henning Großeschmidt betont ausschließlich die positiven Effekte der Bauteiltemperierung [2], während unter anderem Helmut Künzel [3] und M. Krus [4] in ihren Artikeln zu den positiven Effekten die energetische Effizienz eher kritisch betrachten.

Bei der Wandheizung Typ 2 in Messraum 4 handelt es sich um einen Aufbau aus vorgefertigten Elementen aus Lehmmörtel, der mit Stroh und anderen natürlichen Zusatzstoffen aufbereitet wurde. Darin eingebettet sind Mehrschicht-Verbundrohre, die nach dem Einbau verbunden werden. Dabei wurden mehrere Module in zwei Schleifen zusammengefasst und in Reihe geschaltet [5]. Durch die Verwendung der trockenen Lehmplatten-Module wird wesentlich weniger Baufeuchte eingebracht, sodass die Trocknungszeit des Gesamtsystems vergleichsweise niedrig ist.

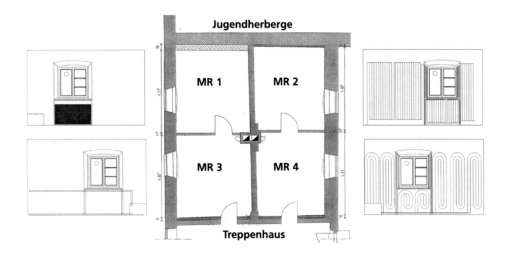

Bild 2-2 Anordnung der vier Messräume im Erdgeschoss mit den unterschiedlichen Heizsystemen mit Wandansicht.

Bei den Vergleichsmessungen kommen elektrische Heizkörper mit einer maximalen Heizleistung von 2200 W zum Einsatz. In allen vier Messräumen wird jeweils dasselbe Modell benutzt. Die Wandheizungssysteme sowie die im Vergleichszeitraum genutzten elektrischen Heizkörper werden über ein SPS-Gebäudeautomationssystem des Zentrums nach Raumlufttemperatur geregelt. Die Zuluftrohre der Lüftungsanlage wurden durch den Kamin vom Dach zu den Messräumen geführt und die Zuluft von dort in die Messräume geblasen. Dabei wird das Zuluftvolumen in allen Messräumen auf 9 m³/h geregelt, was einer Luftwechselrate von $n=0{,}2$ h^{-1} entspricht. In jedem der Messräume wurde in den Fensterflügeln ein gleich großes Ausströmventil montiert. Die Verbindungstüren zwischen und zu den Messräumen wurden für die Messungen verschlossen und abgedichtet.

In Bild 2-3 sind die Positionen der Sensorik exemplarisch für einen Messraum dargestellt. Zur Messung im Raumprofil wurde ein Messbaum mit einer Reihe von Sensoren in jedem Raum mit ausreichendem Abstand zu allen Wänden positioniert, um einen überproportionalen Einfluss der Wände auf die Sensoren zu vermeiden.

An den verschiedenen raumumschließenden Wandflächen werden die Oberflächentemperaturen sowie am Messbaum in Raummitte die Raumlufttemperaturen in unterschiedlichen Höhen gemessen. An den Außenwänden befinden sich zusätzlich jeweils eine Wärmeflussplatte zur Bestimmung des Wärmestroms und PT100-Sensoren an den geometrischen Wärmebrücken zwischen Wänden und Decke bzw. Boden.

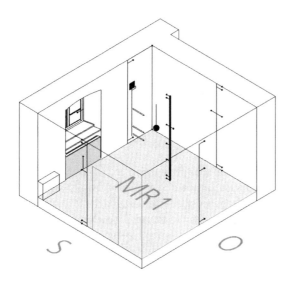

Bild 2-3 Verlegeschema der Messtechnik am Beispiel von Messraum 1.

3 Ergebnisse der Untersuchungen

Zunächst wurde vor Einbau der Heizungssysteme mit Hilfe der Elektroradiatoren eine Nullmessung der vier Testräume durchgeführt. Dabei zeigte sich, dass trotz umfangreicher Maßnahmen zur Verbesserung der Vergleichbarkeit die vier vermeintlich gleichen Messräume in ihrem thermischen Verhalten voneinander stark abweichen (Tabelle 3-1). Eine direkte vergleichende Bewertung der zu installierenden Heizungssysteme ist dadurch nicht möglich. Deshalb wird die energetische Bilanzierung mit dem jeweiligen Messraum selbst mittels eines Referenzsystems durchgeführt, anstatt die Räume untereinander direkt zu vergleichen (schematisch in Bild 3-1). Hierfür wurde die auf gleiche Temperaturdifferenz korrigierte Heizleistung der Varianten von Wandheizungssystemen bezogen auf diejenige des jeweiligen Referenzsystems, einem elektrischen Heizkörper ohne Wandkontakt. Für diesen Vergleich werden Perioden mit möglichst ähnlichem Außenklima herangezogen.

Tabelle 3-1 Ergebnis der Nullmessung der vier Messräume mit elektrischen Heizkörpern.

Messraum	Heizsystem	Mittlere Leistung [W]
MR 1	Elektrischer Heizkörper	351,1
MR 2	Elektrischer Heizkörper	240,5
MR 3	Elektrischer Heizkörper	346,8
MR 4	Elektrischer Heizkörper	281,3

$$\text{Leistung-Vergleich} = \frac{\text{Jeweiliges Heizsystem}}{\text{Referenz im selben Raum}}$$

Bild 3-1 Schematische Darstellung des durchgeführten Leistungsvergleichs durch Referenzmessung im selben Raum.

In Bild 3-2 links ist der in Bezug auf die elektrische Beheizung ermittelte Leistungsvergleich grafisch dargestellt. Mit eingetragen ist der jeweilige spezifische Fehler der Messung für jeden Messraum. Da bei der elektrischen Vergleichsmessung die Wandheizungssysteme eingebaut waren, müssen diese noch um die zusätzliche Dämmwirkung der Wandaufbauten der Wandheizungssysteme korrigiert werden. Die elektr. Leistungsmessung als Referenzgröße wurde daher in Bezug auf die Dämmwirkung der Wandheizungssysteme (MR2 und MR4) angepasst. Nach Berücksichtigung des Korrekturfaktors ergeben sich die in Bild 3-2 rechts dargestellten Ergebnisse. Fast alle untersuchten Wandheizsysteme zeigen einen ähnlichen Energieverbrauch wie die Beheizung mit einem konventionellen, konvektiven elektrischen Heizkörper. Lediglich die in die Bestandsmauer eingebaute Wandtemperierung (MR3) verbraucht unter den gegebenen Umständen deutlich mehr Energie als der elektrische Referenzheizkörper.

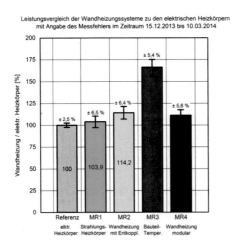
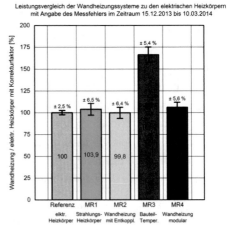

Bild 3-2 Verhältnis der temperaturspezifischen Heizleistung der Heizungssysteme zur korrigierten elektrischen Leistung in %. Die elektr. Leistung wurde in Bezug auf die Dämmwirkung der Wandheizungssysteme (MR2 und MR4) angepasst (rechtes Diagramm).

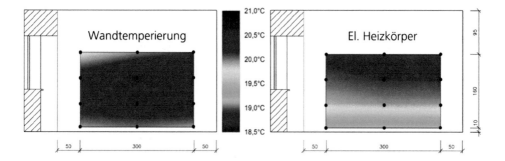

Bild 3-3 Flächendiagramm der Verteilung der Raumlufttemperatur im vertikalen Schnitt im Messraum 3 mit Wandtemperierung (links) und elektrischem Heizsystem (rechts) mit eingezeichneten Messpunkten der Temperaturmessung. Die Farbdarstellung der Raumlufttemperaturen wurde zwischen den Messpunkten interpoliert.

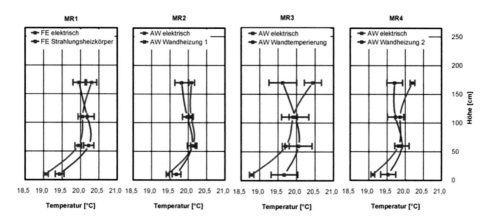

Bild 3-4 Höhenprofile der über 24 Stunden gemittelten Raumlufttemperaturen in Raummitte der einzelnen Heizungssysteme im Vergleich zur zugehörigen elektrischen Beheizung für die vier Messräume (MR1 – MR 4).

Die Art des Heizungssystems hat einen starken Einfluss auf die horizontale Temperaturverteilung im Raum, wie aus dem in Bild 3-3 dargestellten Flächendiagramm für die Raumlufttemperaturverteilung mit elektrischem Heizsystem (rechts) und dem am Beispiel der Wandtemperierung (links) deutlich erkennbar wird. In Bild 3-4 sind die über 24 Stunden gemittelten Höhenprofile der einzelnen Heizungssyteme im Vergleich zur zugehörigen elektrischen Beheizung dargestellt. Auffällig ist, dass die elektrische Beheizung in allen Räumen zu niedrigeren Fuß- und höheren Kopftemperaturen führt. Besonders im Messraum 3 mit Wandtemperierung ergibt sich im Vergleich zur Elektroheizung eine deutlich geringere Temperaturschichtung.

4   Bewertung der Ergebnisse und Zusammenfassung

Die vorliegenden Untersuchungen zeigen, wie komplex vergleichende energetische Untersuchungen in realen Gebäuden sind. Trotz großer Anstrengungen vergleichbare Verhältnisse herzustellen, und nahezu identisch großen Räumen, definierter Beheizung, Lüftung, Dämmung zu den angrenzenden Räumen, Dämmung des Bodens und der Decke, äußerer Verschattung während der Messperiode, keiner Nutzung der Räume durch Bewohner sowie Lage in unmittelbarer Nachbarschaft im selben Baukörper, beeinflussen zahlreiche, teils unbekannte Randbedingungen das Ergebnis massiv. Grundsätzlich müssen bei vergleichenden Untersuchungen die Randbedingungen definiert sein, Unsicherheiten und Grenzen der Übertragbarkeit müssen klar benannt werden. Alle vergleichenden Messungen, die in realen, genutzten Gebäuden stattfinden, sind in Hinsicht auf ihre Aussagekraft deshalb mit großer Vorsicht zu betrachten.

Aus diesem Grund wurde hier ein neuer Ansatz gewählt und der Versuchsablauf dahingegen geändert, dass die Energieverbräuche der eingebauten Wandheizungssysteme für jeden Raum mit einer Referenzbeheizung mit einem elektrischen Heizkörper, der in die Fensternische platziert wurde, verglichen wurden; der Raum somit mit sich selbst verglichen wird.

Bei der Erfassung der Energieverbräuche wurde auf vergleichbare Randbedingungen in beiden Messphasen geachtet, was naturgemäß im Bestand nur in einem bestimmten Rahmen möglich ist. Die für den Vergleich herangezogenen Kennwerte wurden täglich berechnet und über mehrere Wochen gemittelt. Mit dem Mittelwert wurden die Vergleichskennwerte für die jeweiligen Heizsysteme bezogen auf die elektrische Heizkörperleistung berechnet.

Der Messraum 1 mit dem als „Strahlungsheizkörper" bezeichneten Heizkörper hat eine gemessene Leistungsabgabe, die sehr nahe der des entsprechenden elektrischen Heizkörpers liegt. Der „Strahlungsheizkörper" ist bauartbedingt rückseitig gedämmt, nicht aber an den Heizkörperseiten, und wird relativ dicht in die Heizungsnische eingebaut. Aus diesem Grund erhitzt sich der Luftraum hinter dem Heizkörper. Die rückseitige Dämmung bringt hier deshalb keine merkliche Energieeinsparung.

Der Messraum 2 mit der Wandtemperierung als nahezu vollflächig montierte Wandheizung mit spezieller Entkopplungsmatte und parallelem Durchströmungsprinzip hat einen erhöhten gemessenen Energieverbrauch gegenüber der Vergleichsmessung mit elektrischem Heizkörper. Aufgrund der Energieabgabe direkt im Wandaufbau ist wegen des fehlenden konvektiven Übergangswiderstandes im Vergleich zur Beheizung im Raum auch ein erhöhter Transmissionswärmeverlust zu erwarten. Berücksichtigt man allerdings den durch den Wandheizungsaufbau zusätzlichen gegebenen Wärmewiderstand, so wird dieser Effekt aber gerade kompensiert und es ergibt sich ein nahezu exakt gleicher Energiebedarf mit diesem System im Vergleich zur Nutzung eines Heizkörpers im Raum.

Der Messraum 3 mit der Wandheizung durch Bauteiltemperierung mit in der Wand inte-griertem Heizrohren hat einen deutlich erhöhten Energieverbrauch gegenüber der Ver-gleichsmessung mit elektrischem Heizkörper. Dies ist zum einen darin begründet, dass hier die Wärmeabgabe in der Bestandwand stattfindet (ohne zusätzliche dämmende Schichten) und dass hier die Wärmeabgabe sehr lokal begrenzt auf einem hohen Tempe-raturniveau erfolgt. Positive Effekte zum Schutz der Bausubstanz und konservatorische Aspekte können eine derartige Temperierung jedoch durchaus sinnvoll machen. Dabei ist aber zu überlegen, Bauteiltemperierung vor allem zur Schadensvermeidung oder für mu-seale Nutzung mit konservatorischem Hintergrund einzusetzen und entsprechend zu re-geln. Bei einer Beheizung von Arbeits- oder Wohnräumen sollten deshalb zusätzliche Heizeinrichtungen verwendet werden und eine Bauteiltemperierung nur flankierend zur Erhöhung der Behaglichkeit bzw. zur Schadensvermeidung.

Der Messraum 4 mit einer Wandheizung mit vorgefertigten Lehmbauplatten wurde als ebenfalls nahezu vollflächig montierte Wandheizung mit in vorgefertigten Lehmbauplat-ten integrierten Heizrohren ausgeführt. Wie bei der Wandflächenheizung in Raum 2 ergibt sich aufgrund der Energieabgabe direkt im Wandaufbau wegen des fehlenden kon-vektiven Übergangswiderstandes ein erhöhter gemessener Energieverbrauch. Berück-sichtigt man den durch den Wandheizungsaufbau zusätzlichen gegebenen Wärmewider-stand, so wird dieser Effekt aber reduziert. Da die Dämmwirkung dieses Wandheizungs-aufbaus im Vergleich zum System in Raum 2 aber etwas geringer ausfällt, ergibt sich doch noch ein leicht erhöhter Verbrauch im Vergleich zur Nutzung eines Heizkörpers im Raum.

Neben der energetischen Betrachtung sollten bei der Planung auch mögliche positive Ef-fekte zum Schutz der Bausubstanz und gewisse Vorteile in Bezug auf die Behaglichkeit berücksichtigt werden. So zeigen die dargestellten Ergebnisse, dass im Vergleich zur elektrischen Beheizung mit Standardkonvektor (hier elektr. Betrieben) in unterschiedli-chem Maße alle Systeme eine geringere Höhenschichtung der Raumlufttemperatur be-wirken. Hinzu kommt, dass Wandheizungen gerade für historische Bauten in Hinblick auf die Vermeidung von Schäden eine interessante Alternative zu herkömmlichen Wär-meübergabe-systemen wie Konvektoren darstellen. Durch die Beheizung der Wand wer-den bauphysikalisch kritische Stellen der Baukonstruktion erwärmt, sodass das Risiko von Feuchteschäden an diesen Punkten reduziert wird. Hier ist insbesondere die Bauteil-temperierung nach Großeschmidt zu nennen, die die Schadensvermeidung als vornehm-liches Ziel hat. Da hier, wie die vorliegenden Untersuchungen gezeigt haben, aber auch ggf. höhere Wärmeverluste auftreten können, sind Energieeffizienz und konservatori-scher Nutzen im Einzelfall gegeneinander abzuwägen.

5   Literatur

[1]   IBP-Bericht RK 013/2014/294: EnOB – Innovative Wandheizungen. Durchge-
       führt im Auftrag des Bundesministeriums für Wirtschaft und Technologie
       (BMWi).

[2]   Großeschmidt, H.: Das temperierte Haus: Sanierte Architektur – behagliche
       Räume – „Großvitrine". In: Wissenschaftliche Reihe Schönbrunn, Band 9. Wien,
       2004.

[3]   Künzel, H.: Bauphysik und Denkmalpflege – TI9. Bauteiltemperierung nach Gro-
       ßeschmidt. In: Der Bausachverständige, Bd.3, Nr. 2, April 2007, S. 14-17.

[4]   Krus, M.; Kilian, R.: Die Bauteiltemperierung – Untersuchungen des Feuchtetra-
       nsports und Energieverbrauchs durch hygrothermische Simulation am Beispiel der
       Renatuskapelle. Schriftenreihe des Bayerischen Landesamtes für Denkmalpflege
       – die Temperierung; Nr. 8; 2014; S. 47 – 52.Volk Verlag München; ISBN978-
       86222-144-8.

[5]   WEM WANDHEIZUNGS-GMBH-4 WEM Klimaelement - Die Wandheizung
       aus Lehm für den Holz- und Trockenbau, WEM Wandheizungs-GmbH. Produkt-
       blatt.

Das Gebäude-Emissions-Gesetz (GEG-2050)

Dipl.-Ing. Stefan Oehler[1]

1 Architekt für Nachhaltiges Bauen, DGNB Auditor, Passivhaus Planer, Experte für KfW & Denkmal, Im Laukenstein 24, 55270 Jugenheim, Deutschland

Wenn die Energiewende im Gebäudebereich zum Erfolg führen soll, dann ist ein neues GEG grundlegend anders zu formulieren. Anstatt mit einer falschen EnEV Novellierung noch mehr Zeit und Geld zu verlieren, die auf 150 Seiten unverständlich und ohne Ziel als „Gebäude-Energie-Gesetz" (GEG) diskutiert wird, wird hier ein wirkungsvolles, effektives, einfaches und verständliches „Gebäude-Emissions-Gesetz" (GEG-2050) auf nur 3 Seiten skizziert. Mehr muss nicht geregelt werden, um technologieoffen alle Bestandsgebäude und Neubauten in Deutschland umweltfreundlich werden zu lassen. Dieser Entwurf ist als Diskussionsbeitrag zu verstehen, um deutlich zu machen, dass sich die Gesetzgebung von den wirklichen Herausforderungen zu weit entfernt hat. Es reicht nicht, die bisherigen Gesetzestexte aus EnEG, EnEV und EEWärmeG zusammenzuführen, ein grundlegend neuer Ansatz ist wegen der grundlegend neuen Zielsetzung Klimaschutz erforderlich. Das GEG-2050 macht deutlich, was in den nächsten Jahrzehnten passieren muss, wenn Klimaschutz, Paris Abkommen und Energiewende bei Gebäuden umgesetzt werden sollen. Dieser Gesetzentwurf bietet erstmalig eine langfristige Perspektive und damit Investitionssicherheit. Der Artikel geht auch auf die Anforderungen von Denkmälern ein.

Schlagwörter: GEG 2050, Gesetzentwurf, EnEV, emissionsfreie Gebäude, Energiewende, energetische Sanierung

1   Wieso ist ein GEG-2050 jetzt erforderlich?

Um die Umweltfolgekosten durch den Klimawandel nicht explodieren zu lassen, sind die Treibhausgasemissionen radikal zu reduzieren. Da die globalen CO_2-Emissionen nach wie vor ansteigen, muss die Politik endlich wirksame Gegenmaßnahmen organisieren. Dazu bedarf es gesetzgeberischer Vorgaben u.a. für den Gebäudebereich, die speziell auf dieses Klimaschutzziel ausgelegt sind.

Ein zukunftsfähiges GEG-2050, welches unverändert bis 2050 gültig ist, lässt sich bereits heute formulieren. Es bezieht sich direkt auf die kritische Umweltbelastung, nämlich die CO_2-Konzentration in der Atmosphäre. Nur damit lassen sich die Klimabeschlüsse der UN, der EU und der deutschen Energiewende umsetzen. Die bisherige Steuergröße Energieverbrauch pro m^2 ist ungeeignet, denn sie kann zu völlig anderen Ergebnissen führen als die Reduktion der CO_2-Emissionen.

Daher ist dieser Vorschlag als „Gebäude-Emissions-Gesetz" zu verstehen, denn er soll im Rahmen der Energiewende die entscheidenden Weichen stellen, um den gesamten Gebäudebestand Schritt für Schritt emissionsfrei [1], also im Betrieb klimaneutral werden zu lassen. Die wirkungsvollste Steuergröße für eine Umweltentlastung heißt nicht „kWh", sondern „CO_2" und sie wird gerechter und genauer pro Person anstatt pro m^2 ermittelt, so dass sie direkt dem persönlichen Carbon Footprint zugerechnet werden kann, um damit auch den persönlichen Anteil des Global Warming ermitteln zu können. Ein informativ mitgeführter Endenergieverbrauch ist für den Nutzer interessant, da er die Nebenkosten und den Komfort definiert.

2   Die Zielsetzung hat sich geändert

Als Reaktion auf die Ölkrisen in den 70er und 80er Jahren entstanden damals WSVO und EnEV mit dem wirtschaftlich motivierten Ziel Energie bzw. Öl einzusparen. Inzwischen hat sich diese Zielsetzung grundlegend geändert, seit der Jahrtausendwende steht der Umweltschutz und damit die Reduktion der CO_2-Emission im Vordergrund. Mit dieser völlig neuen Zielsetzung wird auch eine grundsätzlich andere Regelung erforderlich. Der bisherige Entwurf für ein „Gebäude-Energie-Gesetz" (GEG) verharrt in der alten Zielsetzung aus den 70er Jahren. Technologisch ist aber die korrekte Zielsetzung entscheidend, denn die Minimierung des Energieverbrauchs kann zu völlig unterschiedlichen Ergebnissen führen als die Minimierung der CO2-Emissionen. Das hier vorgestellte „Gebäude-Emissions-Gesetz" (GEG-2050) verfolgt daher ausschließlich die aktuelle Zielsetzung der emissionsfreien Gebäude bis 2050 [2]. Folgende neue Kernforderungen werden im GEG-2050 formuliert:

–   Zielgröße ist die umweltrelevante CO_2-Emission und nicht mehr der Primärenergiebedarf.
–   Die Bewertung erfolgt anhand absoluter CO_2-Emissions-Grenzwerte und nicht mehr über theoretische Referenzgebäude.
–   Bei Nichterfüllung der Zielvorgaben ist eine CO_2-Abgabe zu leisten.
–   Ein völlig neues Förderungssystem macht Sanierungen attraktiv und rentabel.
–   Für jedes Gebäude in Deutschland ist sofort ein Sanierungsfahrplan 2050 zu erstellen.
–   Neben möglichst realistischen Berechnungen werden real gemessene Emissionswerte systematisch für die Bewertung der Gebäude erhoben.

Die lange Nutzungsdauer unserer Gebäude bedingt, dass heute zukunftsfähige Gesetze benötigt werden, die mindestens bis 2050 Bestand haben. Und das ist auch möglich. Aus diesem Grund wurde dieser dreiseitige GEG-2050 Diskussionsvorschlag in einem ersten Schritt einfach und zielorientiert formuliert. Der hier vorgelegte Entwurf muss selbstverständlich im Weiteren auf die unterschiedlichen Akteure, wissenschaftlichen Feinheiten und rechtliche Rahmenbedingungen hin geprüft und entsprechend weiterentwickelt werden. Eine zu verfrühte technische Detail Diskussion würde allerdings nur wieder dazu führen, das eigentliche Ziel aus den Augen zu verlieren, so dass dem GEG-2050 ein ähnliches Schicksal drohen würde wie dem europäischen Emissionshandel.

Entscheidend ist, dass wir vom Ziel her denken und dieses klar formulieren. Nur so wird es möglich sein, alle Akteure zu vereinigen, um im Rahmen der Energiewende messbare Fortschritte Richtung emissionsfreie Gebäude [1] zu erzielen.

3   Der Sanierungsfahrplan 2050

Für jedes Bestandsgebäude in Deutschland ist ein Sanierungsfahrplan zu erstellen, um bis 2050 emissionsfrei zu werden. Als Ausgangspunkt wird die heutige CO_2-Emission ermittelt. Dies geschieht am genauesten als mittlerer Messwert aus den letzten drei Jahren. Dieser gebäudeindividuelle Wert wird in einem Diagramm im Jahr 2018 (heute) eingetragen und mit dem Zielwert Null im Jahr 2050 durch eine Gerade verbunden. Diese Begrenzungslinie definiert für jedes Jahr zwischen heute und 2050 die maximal zulässige CO_2-Emission speziell für dieses Gebäude. Alle aufeinander abgestimmten Sanierungsschritte im Sanierungsfahrplan sind technisch, finanziell und zeitlich so einzuplanen, dass alle zukünftigen Emissionen, die jährlich ermittelt werden, immer unterhalb dieser Begrenzungslinie bleiben. Solange das Gebäude diese Zielvorgabe einhält, bewegt es sich als „Gebäude mit Zukunft" auf dem Weg zum emissionsfreien, klimaneutralen Gebäude und erfüllt damit die Vorgaben des GEG 2050.

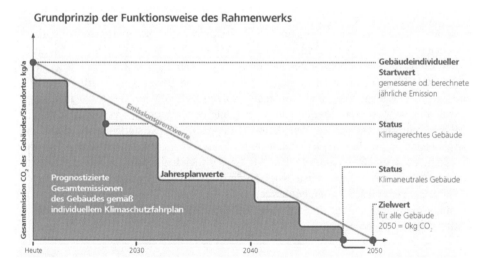

Bild 3-1 Jedes Gebäude erhält seine individuelle CO_2- Begrenzungslinie. Je höher die heutigen Emissionen sind oder je später der Sanierungsfahrplan startet, desto steiler wird diese Begrenzungslinie sein und desto größer müssen die Sanierungsmaßnahmen ausfallen, um das absolute Ziel Null CO_2 im Jahr 2050 zu erreichen. Ein Gebäude unterhalb der Begrenzungslinie ist ein „Gebäude mit Zukunft". [3]

4   Diesel-Fahrverbote und Betriebsverbote für Gebäude

In der Automobilindustrie führte die Überprüfung von theoretischen Emissionswerten (Herstellerangaben) dazu, dass dem Dieselmotor nun ein Fahrverbot in Städten droht, nachdem seine real gemessenen Emissionswerte bekannt wurden. Industrie und Politik hatten die Emissionen schöngerechnet, um den Absatz der Dieselmotoren zu steigern. Dem nicht genug spendiert die Politik bis heute erhebliche Subventionen für Dieselkraftstoff. Die Umweltbelastung wird steuerlich gefördert und die öffentliche Meinung wird mit einem „Greenwashing" fehlgeleitet.

Für Gebäude droht eine ähnliche Überraschung. Auch hier werden die Emissionen seit Jahrzehnten schöngerechnet und es ist bis heute völlig unbekannt, wieviel CO_2 ein Gebäude im Betrieb tatsächlich emittiert. Sobald systematische Messungen bei Gebäuden eingeführt werden, wird eine ähnliche Klagewelle über die umwelt- und gesundheitsschädlichen Auswirkungen von Gebäudeemissionen einsetzen, so dass „Betriebsverbote für Gebäude" genauso wahrscheinlich werden wie derzeit das Fahrverbot für Dieselmotoren.

5   Denkmäler

Denkmäler spielen bei den nationalen CO_2-Emissionen eine untergeordnete Rolle, denn sie stellen nur ca. 2 % des Gebäudebestandes dar. Auch Neubauten spielen eine untergeordnete Rolle, ihr Anteil beträgt gerade einmal 1 %. Während die 2 % Denkmäler hohe Emissionen aufweisen, werden diese durch die emissionsfreien Neubauten rechnerisch neutralisiert. Die Neubauten und Denkmäler kürzen sich gegenseitig in der nationalen Klimabilanz mehr oder weniger heraus. Es ist daher umweltpolitisch vertretbar, den kulturellen Erhalt der Denkmäler über deren Klimaneutralität zu stellen, ohne damit die Energiewende zu gefährden. Denkmäler müssen nur soweit energetisch saniert werden, wie es ein Mindestmaß an Komfort erfordert, um sie auch weiterhin bewohnt und genutzt halten zu können, denn eine leerstehende Bilderbuchsanierung wäre das Ende für solch ein Gebäude. Aus diesen Gründen klammert das GEG-2050 Denkmäler und geschützte Ensembles aus, um sich auf den Kern der Aufgabe, die Sanierung der restlichen 97 % Gebäudebestand zu konzentrieren.

6   Die Zeit läuft

Der Erfolg der Wärmewende als Teil der Energiewende entscheidet sich bei den Bestandsgebäuden. Diese ca. 20 Mio. Gebäude gilt es in einer atemberaubenden Geschwindigkeit bis 2050 zu emissionsfreien Gebäuden zu sanieren. Das Energiekonzept der Bundesregierung verfolgt seit 2010 theoretisch dieses Ziel. Allerdings ist außer dieser Absichtserklärung seither nichts unternommen worden und bei den nationalen Emissionen keinerlei Fortschritt gemessen worden. Die CO_2-Emissionen wurden in Deutschland seit

2009 nicht mehr reduziert, da die Politik noch keine Anstrengung unternommen hat beispielsweise aus der hoch subventionierten Kohle auszusteigen. Von diesem Ausstieg
würde die Volkswirtschaft sogar profitieren und eine Umschulung der wenigen noch ver-
bleibenden Kumpels sollte besser heute als morgen beginnen. Mit dieser andauernden
Verzögerung geht wertvolle Zeit verloren, denn mit jedem Jahr Abwarten muss die Geschwindigkeit noch mehr gesteigert werden, der Kraftakt wächst von Jahr zu Jahr an, die
Aufgaben werden in die Zukunft delegiert. Die Sanierung zu emissionsfreien Gebäuden
hat noch nicht einmal begonnen. Das Umweltschutzziel 2020 wurde bereits aufgegeben
und es ist noch kein politischer Ansatz erkennbar, wieso das nächste Etappenziel 2030
eingehalten werden könnte. Die Politik verharrt in verantwortungsloser Untätigkeit.

Auch organisatorisch wird es mit jedem Jahr schwieriger. Will man 20 Mio. Gebäude
innerhalb von 32 Jahren emissionsfrei sanieren, dann wären das ab sofort 625.000 Gebäude pro Jahr. Dafür müssten entsprechend viele Energieberater, Planer, Handwerker
und Firmen bereitstehen. Die Baubranche kann diese Kapazitäten derzeit aber noch nicht
bieten, da sie sich durch die fehlenden Zielvorgaben noch nicht auf diese enorme Aufgabe
vorbereitet hat.

Das GEG-2050 denkt vom Ziel her, also vom emissionsfreien Gebäudebestand 2050 und
leitet von dieser absoluten Größe für jedes Gebäude einen individuellen Sanierungsfahrplan ab, der die jährlichen Grenzwerte gebäudeweise definiert. Mit gezielten Forderungen
und Förderungen lassen sich dafür wirtschaftliche Rahmenbedingungen bereitstellen, um
nachhaltig in die Wertsteigerung der Gebäude investieren zu können und die überfällige
Sanierung des Gebäudebestandes endlich attraktiv zu machen. Das GEG-2050 bietet einen Startschuss für das bislang größte und nachhaltigste Konjunkturprogramm in der Geschichte der BRD, denn es ist volkswirtschaftlich attraktiver als jede andere Alternative
und deutlich günstiger als die Option „weiter wie bisher".

7   Finanzierung

Die vor uns stehende Sanierungsaufgabe ist gewaltig und „alternativlos". Mit einem geschätzten Investitionsvolumen von bis zu 7000 Mrd. € [1] bis 2050 steht eine Aufgabe
bevor, die vergleichbar ist mit dem Wiederaufbau nach 1945 oder der Wiedervereinigung
nach 1989. Es ist der größte Baustein beim Umstieg vom fossilen in das regenerative
Zeitalter. Die Politik verdrängt diesen Zusammenhang bisher, denn sie fühlt sich damit
überfordert. Mit der Kurzsichtigkeit der politischen 4-Jahres-Pläne hofft man, dass es
nicht so schlimm kommen wird und dass die nachfolgenden Politiker bzw. Generationen
es schon richten werden. Aber genau das Gegenteil ist der Fall. Je länger gewartet wird,
desto teurer wird es für alle. Denn es werden bereits seit Jahrzehnten kontraproduktive
Subventionen in ähnlicher Größenordnung ausgegeben, ohne dass es öffentlich wahrge-
nommen wird. Immer noch wird die Umweltverschmutzung durch Braunkohle, Stein-
kohle, Diesel, Kerosin und Atomkraft in erheblichem Umfang subventioniert. Nach Berechnungen von WiMin und UBA bezahlt Deutschland derzeit (Stand 2015) folgende
Subventionen:

Tabelle 7-1   Höhe der schädlichen Subventionen in Deutschland

Import von Öl und Gas (BMWi 2014)	80 Mrd. €/a
Damit verbundene Umweltkosten (UBA 2018)	47 Mrd. €/a
Umweltschädliche Subventionen (UBA 2016)	57 Mrd. €/a
Summe	**184 Mrd.**

Von 2010 bis 2050 ergäbe das Ausgaben in Höhe von 7360 Mrd. €. Wenn so wie bisher weiter gewirtschaftet wird, würde diese Summe kontraproduktiv ausgegeben werden, ohne damit auch nur einen Euro in die Zukunft investiert zu haben. Wir würden dann immer noch dieselben unsanierten Gebäude nutzen und müssten die Investitionen in emissionsfreie Gebäude zusätzlich stemmen.

Je früher mit dem Umbau des Gebäudebestandes begonnen wird, desto mehr lässt sich bei diesen schädlichen Subventionen einsparen. Die Investitionen in den Gebäudebestand werden durch diesen Doppeleffekt hoch rentierlich und je früher und je entschlossener damit begonnen wird, desto höher setzt der Zinses-Zins-Effekt dieser Zukunftsinvestition ein. Investitionen in die Wertsteigerung der Gebäude schaffen das größte Konjunkturprogramm in der Geschichte der Bundesrepublik und sichern unseren Wohlstand. Diese Investitionen sind die nachhaltigste Geldanlage in diesem Jahrhundert, denn sie sind unsere Zukunftssicherung.

8   Ein zukunftweisendes Gebäude-Emissions-Gesetz, GEG-2050

§ 1 Ziel und Zweck

(1) Das Gesetz trägt im Interesse des Klimaschutzes mit einer nachhaltigen Wertsteigerung des Gebäudebestandes und der Minderung von fossilen Energieimporten dazu bei, die klimapolitischen Ziele der Bundesregierung, insbesondere den emissionsfreien, also im Betrieb klimaneutralen Gebäudebestand bis spätestens 2050 umzusetzen.

(2) Gebäude werden ausschließlich über ihre CO_2 Emissionen bewertet, der Primärenergieverbrauch bleibt hingegen unberücksichtigt.

(3) Die CO_2 Emissionen im Betrieb werden bilanziert. Die grauen Emissionen (Herstellung, Rückbau, Recycling) werden zusätzlich ab 2025 bilanziert, so dass zukünftig der gesamte Lebenszyklus erfasst wird.

(4) Es gelten absolute Grenzwerte, das Referenzgebäudeverfahren wird nicht mehr angewendet.

(5) Übersteigen die CO_2-Emissionen die zulässigen Grenzwerte, so ist eine CO_2-Abgabe nach § 12 zu entrichten.

(6) Das Gesetz ist technologieoffen, um alle bekannten und zukünftigen Lösungen zu ermöglichen.

§ 2 Anwendungsbereich

(1) Dieses Gesetz ist auf bestehende und neue Gebäude anzuwenden, die im Betrieb CO_2 emittieren.

(2) Das Gesetz hat bis 2050 Gültigkeit.

(3) Für Baudenkmale und geschützte Ensembles gilt § 6.

§ 3 Grundsatz der Wirtschaftlichkeit

(1) Die Anforderungen müssen nach dem Stand der Technik erfüllbar und wirtschaftlich vertretbar sein. Sie gelten als wirtschaftlich vertretbar, wenn die erforderlichen Aufwendungen innerhalb der Nutzungsdauer durch die Einsparungen erwirtschaftet werden können. Im Sinn der Nachhaltigkeit ist ein Zeitraum von 50 Jahren inkl. erforderlicher Erneuerungszyklen, Restwertansätzen, Komfortsteigerungen und möglichen Förderungen zu berücksichtigen. Bei der Kostenbetrachtung sind gesamtgesellschaftliche Auswirkungen wie z.B. die Umweltfolgekosten einzubeziehen.

(2) Die Wirtschaftlichkeit im Betrieb ist mit dem Barwertverfahren zu berechnen.

§ 4 Verantwortliche

(1) Für die Einhaltung dieses Gesetzes sind der Eigentümer und im Rahmen ihres jeweiligen Wirkungskreises auch die Personen verantwortlich, die in seinem Auftrag bei der Errichtung oder Änderung des Gebäudes oder dessen Anlagentechnik tätig werden.

(2) Alle CO_2-Emissionen können über die Abrechnungen der Energieversorger ermittelt werden. Entspricht der jährliche Emissionswert nicht den geforderten Grenzwerten, kann der Eigentümer Sanierungsschritte vorziehen, um seine CO_2-Abgaben nach § 12 zu reduzieren.

§ 5 Anforderungen an bestehende und neu zu errichtende Gebäude

(1) Wer ein bestehendes Gebäude saniert oder umbaut, hat die aktuellen CO_2-Emissionen vor der Sanierung zu ermitteln.

(2) Dieser aktuell gemessene CO_2-Wert ist in einem CO_2-Zeit-Diagramm mit dem Wert Null CO_2 in 2050 durch eine Gerade (individuelle Obergrenze) zu verbinden. Diese Gerade definiert die maximal zulässige, gebäudeindividuelle CO_2 Obergrenze in jedem zukünftigen Jahr.

(3) Für alle Gebäude ist ein Sanierungsfahrplan (Klimaschutzplan) zu erstellen, der bis 2050 reicht. Darin werden alle erforderlichen Sanierungsschritte berechnet und erläutert, die für einen emissionsfreien Gebäudebetrieb erforderlich sind.

(4) Der Sanierungsplan darf zeitlich gestaffelt in Teilschritten umgesetzt werden. Die in (2) definierte individuelle Obergrenze muss in jedem Jahr unterschritten werden.

(5) Neu zu errichtende Gebäude müssen ab 2020 emissionsfrei, also im Betrieb klimaneutral sein.

(6) Die Komfortanforderungen in Anlage 1 sind für alle Gebäude einzuhalten.

§ 6 Anforderungen an Gebäude mit Denkmal- und Ensembleschutz

(1) Bei Gebäuden mit Denkmalschutz haben Aspekte der Baukultur Priorität. Dennoch sollen die Anforderungen nach § 5 möglichst erfüllt werden. Widersprechen Forderungen des Denkmalschutzes, ist eine Befreiung möglich. In diesen Fällen gilt es, eine denkmalgerechte Ausführung mit einem möglichst hohen Komfort auszuführen, um die dauerhafte Nutzung der Denkmäler zu sichern.

(2) Bei Quartieren mit Ensembleschutz ist eine quartiersweise Bilanzierung möglich. Quartiersweise Ausgleichsmaßnahmen oder eine klimaneutrale Energieversorgung sind nur hier möglich.

§ 7 Sommerlicher Wärmeschutz

(1) Gebäude sind so zu errichten oder zu sanieren, dass die operative Temperatur im Sommer von maximal 27°C durch passive Maßnahmen weitgehend eingehalten wird.

(2) Ein Nachweis kann vereinfacht nach DIN 4108-2 (2013) durch Begrenzung der Sonneneintragswerte oder alternativ durch eine realistische Simulationsrechnung erfolgen. DIN 15251 Kat. 3 ist dabei einzuhalten.

§ 8 Stromsparkonzept

(1) Der Stromverbrauch für den Betrieb von Gebäuden spielt eine dominierende Rolle. Um die Anforderungen nach §5, §6 und §7 erfüllen zu können, ist ein allumfassendes Stromsparkonzept umzusetzen. Darin enthalten sind alle Nutzungen im Gebäude.

(2) Die Bilanzierung kann mit einem Energiemanagementsystem nach ISO 50001 erfolgen.

§ 9 Netzdienlichkeit

(1) Die Bilanzgrenze für eingehende und ausgehende Energieströme ist das Grundstück.

(2) Auf dem Grundstück produzierte Energie darf auf dem Grundstück direkt genutzt werden.

(3) Die auf dem Grundstück produzierte und gespeicherte Energie darf gehandelt werden, um unwirtschaftliche Lastspitzen zu reduzieren.

(4) Die Netzdienlichkeit des Grundstücks wird mit dem Grid Support Coefficient (GSC) berechnet.

(5) Es ist dabei mit den viertelstündlichen Strompreisen zu rechnen.

§ 10 Berechnungsgrundlagen

(1) Berechnungsgrundlage für die Ermittlung der CO_2-Emissionen und des Endenergiebedarfs ist ein bauphysikalisch geeignetes Berechnungsverfahren (zugelassene Verfahren werden separat veröffentlicht). Dabei sind realistische Randbedingungen wie z.B. die tatsächliche Innentemperatur und alle Stromverbräuche einschließlich Nutzerstrom anzusetzen, um ein Berechnungsergebnis zu erzielen, welches mit den Messwerten in der Realität eine hohe Übereinstimmung erzielen muss (max. +- 5 % Abweichung)

(2) Die CO_2-Emissionen werden jährlich als Summe aller Verbräuche und Gewinne innerhalb des Grundstücks bilanziert.

(3) Die aktuellen CO_2-Faktoren sind anzusetzen. Sie werden sich mit steigendem Anteil regenerativer Energieversorgung jährlich reduzieren.

(4) Die CO_2-Emissionen werden pro Person ermittelt, um umweltrelevante Aussagen treffen zu können. Dabei sind durchschnittliche Belegungsdichten anzusetzen.

(5) Ergänzend kann die Energiebezugsfläche aus beheizter oder gekühlter Wohn- oder Nutzfläche informativ ermittelt werden.

§ 11 Emissionsausweis

(1) Die Berechnungs- bzw. Messergebnisse sind in einem Emissionsausweis (CO_2-Pass) nach dem Muster in Anlage (noch zu erstellen) zu dokumentieren.

(2) Auf dieser Grundlage werden die CO_2-Abgaben und die Förderungen ermittelt.

(3) Der Emissionsausweis wird vom zuständigen Finanzamt oder dessen Beauftragten überprüft.

§ 12 Förderung und Forderung

(1) Bei Sanierungen darf ein bestimmter Anteil der Sanierungskosten über 10 Jahre steuerlich abgeschrieben werden. Die Höhe dieser Abschreibung ist von den tatsächlich erzielten CO_2-Einsparungen abhängig.

(2) Neubauten sind von den Förderungen nach (1) ausgenommen.

(3) Sollte ein emissionsfreier Neubau oder eine CO_2 Reduktion nach § 5 bei einem Bestandsgebäude nicht sofort möglich sein, so ist jährlich für die verursachten Umweltschäden eine CO_2-Abgabe zu leisten. Das zu viel emittierte CO_2 ist mit derzeit 110 €/to (Umweltfolgekostenermittlung des UBA für 2017) zu vergüten.

(3) Die Regelungen nach (1), (2) und (3) dürfen mit anderen Förderungen kombiniert werden.

Tabelle 8-1   Empfehlungen für Komfort- und Effizienz-Mindestqualitäten. Verbindlich ist nur die Reduktion der CO_2-Emissionen, das GEG-2050 ist ansonsten technologieoffen.

Verbindliche Vorgaben		
CO_2-Emissionen im Betrieb – Neubau		Ab 2020 = Null
CO_2-Emissionen im Betrieb – Sanierung	Eine Gerade zwischen heute und 2050 als individuelle Gebäude-Obergrenze	Ab 2050 = Null
Graue Emissionen	Herstellung, Rückbau, Recycling	Derzeit kein Grenzwert
Empfehlungen		
Dach	U-Wert [W/(m²·K)]	< 0,20
KG-Decke, Bodenplatte	U-Wert [W/(m²·K)]	< 0,30
Fenster	U-Window [W/(m²·K)]	< 1,0
Wärmebrückenzuschlag	[W/(m²·K)]	< 0,05
Luftdichtheit	n_{50}-Wert	< 1,0 1/h
Lüftungsanlage mit WRG, Grundlüftung	Effektiver Wärmebereitstellungsgrad	> 80 %
Wärmepumpen für Heizen, Kühlen, Warmwasser	Jahresarbeitszahl	> 3,0
Netzdienlichkeit	Grid Support Coefficient (GSC)	< 1,0
Stromsparkonzept	Für sämtliche Verbraucher	

9   Beispiele für realisierte Sanierungen von emissionsfreien Gebäuden

Münsterländer Bauernhof
Sanierung zum Niedrigenergiehaus 2005
90 % CO_2 Einsparung
Architekt Stefan Oehler
Foto: Stefan Oehler

Bürogebäude Groß-Umstadt
Sanierung zum Passivhaus EnerPHit 2015
93 % CO_2-Einsparung
Architekt Schmidt Plöcker Architekten
Foto: Stefan Oehler

Mehrfamilienhaus Neu-Ulm
Sanierung zum Effizienzhaus Plus 2016
100 % CO_2-Einsparung
Architekt Werner Sobek
Foto: Stefan Oehler

Reihenhäuser Utrecht
Programm Energiesprong Niederlande 2016
Sanierung zum „Zero on the Meter"
100 % CO_2-Einsparung
Foto: Stefan Oehler

10 Literatur

[1] Oehler, S.: Emissionsfreie Gebäude – Das Konzept der „Ganzheitlichen Sanierung" für die Gebäude der Zukunft. Springer Vieweg, 2017.

[2] Oehler, S., Braune, A., Lemaitre, C.: DGNB Statement – Die Inhalte eines zukünftigen GEG auf drei Seiten. DGNB, 2018.

[3] Braune, A.; Oehler, S. et alt.: Rahmenwerk für klimaneutrale Gebäude, DGNB, 2018.

Autorenregister

Schlagwortregister

© Springer Fachmedien Wiesbaden GmbH, ein Teil von Springer Nature 2018
B. Weller und L. Scheuring (Hrsg.), *Denkmal und Energie 2019*,
https://doi.org/10.1007/978-3-658-23637-3

Printed in the United States
By Bookmasters